風潮に見る風土

竹林　征三

はじめに　――不易と流行――

自然現象は日々時々刻々ゆらぎ変動している。天候は晴れたり、曇ったり、雨になったり、雪になったり、暖かかったり、寒かったり、日々の変化と共に季節も変化して行く。最近はゲリラ豪雨とか爆弾低気圧とか帯状降水現象（バックビルディング降雨）などこれまで聞いたことのない現象が次々生起するようになった。

動かざること山の如しという大地も頻繁に地震が各地でおこり、火山も静かにしてくれていない。大自然のいとなみもまるで神様の気まぐれかのようにゆらぎうつろぎいく。

その大自然のもとに人々は己の人生と生活（なりわい）に四苦八苦している。

グローバル化した現在、日本の経済も地球のどこかで戦争が起こればすぐに大変動する。日々マスコミは変動する世の中のニュースを報道している。マスコミの報道で世の風潮が形成されていっている。人々は世のうつろう風潮に翻弄されて齷齪《あくせく》し、思い悩みながら日々を送っている。

民主党が圧勝し、これまでの政策が間違っていると転換されたかと思うと、次は自民党が圧勝し、民主党のデフレ策からインフレ策へと急転換。八ツ場ダム中止から一変して八ツ場ダムは絶対必要だという。一体何が正しいのであろうか。

松尾芭蕉は不易と流行の中に風雅を見出してきた。

日々の諸々の変動は流行でうつろう、ゆらぎである。日々のゆらぎうつろう諸現象の中に、本当の普遍の変化がある。それを不易と称している。現在の全てが激変する風潮の中に何が本物か不易のものを見出さなくてはならない。

私は地域づくりにおいて良好風土形成を目指す風土工学という学問体系を構築しその普及啓発に努めてきている。

景観十年・風景百年・風土千年という。景観はそこなわれるという表現がある。いずれそこなわれる運命のものが景観である。壊されずに残れば風景となる。更にそれが地域の人々の心象にとけこめば風土となる。従って景観十年・風景百年・風土千年という。建築では古くより景観設計ということがいわれてきた。橋やトンネル等土木の設計にも景観設計が必要だという。土木は国家百年の計で築造されるべきもの。いずれ損なわれる運命の景観などを目指すのではなく、その地の千年先の本物の良好風土を目指すべきであるということで風土工学を構築した。私共の先人の知恵と汗と血で築いてきた誇りうる日本の良好風土を継承し、未来へ更に精錬された日本の風土文化を伝えていきたいものである。

そのような風土工学の視座から、昨今、日々話題となっているニュースから現在の風潮を読み、それから良好風土形成に向けてどう考えて行けば良いのか考えて見たい。

著者

風潮に見る風土　目次

第二章　気になる用語

第四章　大地の記憶・地名を考える

第五章　風土のアナロジー

第一章　気になる社会風潮を考える

一、忘れてはならぬ大災害　東日本大震災・原発事故の陰で埋没された大災害

今年平成二十八年の三月十一日は東日本大震災・東電原発事故から五周年を迎え、多くの特集報道で賑わった。九月一日は関東大震災の日。一月十七日は阪神淡路大震災の日。と同じように災害大国・日本の宿命を孫子《まごこ》の時代まで語り継ぐ為に大特集報道は非常に意義が大きい。私が、ここで危惧するのが三・一一の陰に埋没されそうになっている前日の三月十日と一日後の三月十二日そして十五日の大災害の教訓を忘れないでほしいと訴えたいとの思いで筆を執った。

●三月十日は世界の歴史・史上最大の大量虐殺を受けた日である。一日にして日本人・市民約十万人以上が悲惨極まりない虐殺を受け、一日の空襲で罹災者が百万人を超えた東京下町大空襲の日である。今次の戦争で忘れてもらってはならぬ大災難は四つある。①八月六日に広島原爆。②八月九日は長崎原爆。③沖縄地上戦。④三月十日の東京下町大空襲。広島はリトルボーイ一発で約十四万人が死亡した。長崎はファトマン一発で約九万人が亡くなった。沖縄地上戦は昭和二十年三月から六月にかけて死者約二十万人（内・民間人が約十万人）が亡くなった。三月十日は三月十一日の一日前である。三月一一日が大きく報道されればその陰に埋没されてしまった観がする。昭和十七年（一九二一）に日本の木造建築用にナパーム焼夷弾M六十九が開発され、昭和十八年には日本のどの都市のどの地域を空襲すれば一番経済効果が大きいか、大研究がなされた。人口密度が大きい地区として浅草・本所・下谷・荒川・深川地区が選ばれた。東京の火災の歴史、関東大震災の歴史を徹底的に研究された結果です。したがって関東大震災の被災地とほぼ

同一地区になったのは偶然ではなく、米軍の大研究の成果である。アメリカは十二万人を動員し、日本の国家予算の十年分を使って秘密・原爆開発都市を建設して二種類の原爆の開発に成功した。その原爆開発都市は国の記念公園に指定され後世に伝えられている。東京大空襲を指揮した有名なカーチス・ルメイ少将はその後、日本の最高の勲一等旭日大授章を与えられている。絶対忘れてもらってはならない三月十日をすっかり忘れている。

●三月十二日は東日本大震災の明くる日である。長野県北部地震M六・七、震度六強で震源の深さ八キロの大陸プレート内部地震で県境の小さな町・栄村で三人の死者と四十六人の負傷者が出た。この地震は東日本大地震の十三時間後のこと。海溝型巨大地震に誘発された遠方誘発地震である。既知の活断層の活動でもありません。何故この時期に、この場所で、このような大地震がスポット的に誘発されたのでしょうか。地震学では相当の謎の大きい大地震である。

●もう一つ絶対忘れてもらってはならない不思議な地震があった。四日後の三月十五日二二時三一分。富士宮でM六・六、震度六強の静岡県東部地震である。富士宮で一〇七六Galの途轍もない地震加速度を記録し、二十二人が負傷した。この地震は過去になかった場所で、東海地震とは関係はないとされている。しかし、富士山の山頂の南四キロで深さが一五キロ。火山予知連・副会長の中田節也氏によれば「富士山のマグマ溜りのすぐ上で、富士山が噴火しなかったのが不思議だ」と言っている。

藤井敏継会長は「二〇世紀半ば以降のM九を超える五つの地震は全て火山の噴火が例外なく誘発されている」と言っている。

東日本大震災・原発事故五周年に当たり、それにより埋没されそうな大災害の教訓の方が余計に気になるのである。

二、何故プロ野球に超ファインプレー賞がないのだろうか?

私は子供の頃から大相撲を観るのが大変好きだった。その理由は必死で戦っていることが観ていてすぐに分かるからである。立ち合いの一瞬の迷いがあれば勝負は決まる。土俵際での最後の詰めにスキがあればウッチャリで形勢逆転する。小兵の力士が横綱を奇襲の猫ダマシで一瞬にして窮地に追い込める。柔道やレスリングのように重量別ではない。小兵が巨体を投げ飛ばす。観ていて痛快である。

何より、短い時間で勝負は決まる。しかし、かつては千秋楽で七勝七敗同士の取り組み以外は必ずといっていい程、千秋楽で勝ち越しがかかっている者の方が勝って勝ち越す。八百長が蔓延していた。少し力を抜けば簡単に敗れてしまう。八百長相撲が糾弾されてから、さすがに最近はなくなったように見える。

野球は余り観なかった。理由は時間が長いことが大きい。しかし超ファインプレーを観れば壮快で天晴《あっぱれ》と拍手を送りたくなる。

反対に、大切なところでエラーを観れば興醒めである。プロの基本はエラーをしないことになっている。エラーは回数が記録されている。エラーが多い選手はどんどんファンが減少していく。

一方、ファインプレーの多い選手には根強いファンがつく。野球を面白くするにはファインプレーの回数も記録すべきで、毎年最多の者にファインプレー王という高い栄誉を与えれば良いと思う。しかし、ファインプレーはカウントする気配は一向になく、話に挙がらない。それは何故なのであろうか？　ファインプレーの回数を競うようになればどうなるのであろうか。その答えは私の推測は選手会が反対するからではないかと思う。何故か。負傷者が多く出るからではないか。私は阪神の赤星選手のファンだった。足が速いから、何度も盗塁王を取っていた。ファインプレー賞の部門があれば何度もファインプレー賞を受賞していただろう。ファインプレーは極限の美技であるが、大ケガと隣り合わせであるからではないだろうか。赤星選手はファインプレーが多かっただけ何度も大負傷をしていた。結果的には欠場しなければならないだけではなく、ケガの治療で結局は非常に若くして選手をやめざるをえなくなってしまった。危険きわまりない技を見世物とする奇術師やサーカス団は皆命がけだ。ちょっとしたミスがあれば命を落としかねない。危険きわまりないスレスレのところを何度も想定して繰り返し訓練を重ねている。マジシャンの天功でも失敗して再起が危ぶまれる大怪我を負った。

平成二十五年九月の淀川水系の大豪雨時、日吉ダム等でダムの設計洪水位以上の余裕高まで洪水を貯めて下流の破堤を危機一髪回避することができた。ダム群連繋の神様運転による超ファインプレーで危機を回避できた快挙だと称賛された。現場の第一線でダム操作に携わった人はヒアヒアの連続だったことであろう。結果論としてたまたま破堤は免れた。もう少し豪雨が長く続いていたら破堤していただろう。

それに対し、土木学会より技術賞が授与された。現場の第一線で関係された方々にとっては大変な励みになり大変ありがたいことである。ダムの管理は地道な仕事であり、日頃評価されることが少ないだけに評価されたことは意義が大きい。しかし見方を変えればヒヤリハットの事例であり、将来の大事故の予告として受け取らなければならないのではないかと考える。その理由はいくつもある。

ものづくりには全て余裕しろがある。設計速度一〇〇キロメートル毎時で設計された自動車も瞬間的には一五〇キロメートル毎時出してもすぐにエンジンは壊れないかも知れないが、自動車は多くの部品を組み立ててつくられている。その多くの部品は一〇〇キロメートル毎時で走行して大丈夫なように設計され組み立てられている。部品ごとに安全率も違う。その部品のうち一カ所は一回一五〇キロメートル毎時ではたまたま大丈夫だったが、それが二回目になれば破壊するものもある。人間の身体能力も急場の底力で自分でも分からない力が出る時もある。必死の過程でのたまたまの結果である。その急場の底力を何度も何度も期待する生き方をすればすぐに身体のそこいら中がガタガタになり具合が悪くなる。その結果、身体だけでなく精神も病むようになる。不治の病となることが多い。

権威のある所が賞を出すということは奨励するということである。神様運転を奨励してはいけない。賞を受け取る側も、大組織のトップである。大組織のトップは受けたら部下はこの次も又、神様運転・ファインプレーを強要されることとなる。失敗した時は社会的に大事故になる。その時は何故規則通りに操作しなかったのか、現場の担当者が規則を守らなかったから大事故が生じたということで責任をとらされる。

　ダム等はきめ細かい操作基準が定められている。相手にしているのは不確定なこれからの降雨予想である。予測を立てて操作することになるが予測はいつも当たるとは限らない。昨今は異常気象の連続である。大洪水になるたびにこれまでなかった大豪雨だと報じられている。安心安全社会を構築することがシビルエンジニア河川技術者の使命である。神様運転を美化し奨励するのではなく、これまで以上の大豪雨に備えるようにダムの嵩上げや堤防の増強、河道浚渫による疎通能力拡大等を計画することではないか。

　ダムは設計洪水位までの水位に対して所定の安全率で設計されている。それ以上の水位になればダム堤体の安全は保証できない。ダムはきわめて不確定要素が多い中でいろいろ綿密な調査をした上で不確定要素については大胆な仮定をつみ重ねた上で設計されている。ダム堤体の基礎の地盤は千変万化で一様でない。極めて堅硬な所がある一方で極めて軟弱な破砕帯や断層などが縦横無尽に分布している。その断層破砕帯の幅や走向傾斜も一様でない。小さな断層でも堤体の安全に直接ダイレクトに影響するものもある。それらを経験豊かな専門技術者が総合評価に岩盤の設計剪断強度が定められ、堤体の剪断安全率で計算される設計剪断摩擦安全率は四を確保するように設計されている。安全率は四あるということは四倍の設計外力がかかっても安全だということではない。これまでの多くの設計事例から安全率四を切れば何らかの不具合が生じることが多かったということである。いろいろなものづくりには余裕高とか余裕代がとられている。不確定なものがあればあるほど余裕高や安全率等は大きくとられる。余裕高の領域まで水を貯めるようには設計されていないので、どんな不測の事態が生じるかわからないということである。ダムや堤防の余裕高を食い込むことは安全率をおかすことであり、ヒヤリハットの事例であり超大失敗の萌芽でもある。

降雨予測と貯水池の水位操作についてはいろいろ擬似シミュレーションで仮想訓練を繰り返すことが出来るかもしれない。問題は下流の堤防は計画洪水位を越えるとどこが切れるか分からない。越流すれば即堤防は切れることは分かっている。越流しなくても設計洪水位を越えると、場所も時刻もどこで、何時切れてもおかしくない状況になる。

前回は同じ水位で切れなくても今回は切れるかも知れない。その間に地震等があれば、その履歴で相当弱体化している。洪水位を越えれば、破堤するか、しないかはたまたま、偶然の世界である。日吉ダムの場合ももう少し洪水位が高ければ破堤したかも知れない。日吉ダムの場合、破堤しなかったのはたまたま偶然の結果でもある。ダムや堰等の大型河川施設の運用管理はきめ細かい鋭敏な管理ではなく、鈍重管理が鉄則である。

かって自衛艦〝なだしお〟が小舟と衝突してなだしおが急旋回して衝突を回避すべきではなかったかと批判された事故があった。小舟等は急旋回等の機敏な運航は可能だが、大型の戦艦は急旋回等は不向きである。

私はかつて昭和五十九年から昭和六十年にかけて琵琶湖が史上第二位の大渇水時に瀬田川の洗堰操作の責任者（琵琶湖工事事務所所長）だった。

昭和五十七年七月下旬から降雨はほとんどなく琵琶湖水位はグングン下がり、十一月末には史上第二位の渇水の水位まで下がり、湖周辺は干上がり、又下流の各利水者は大幅な取水制限を強いられるようになった。大渇水被害となった。滋賀県当局から、このような大渇水となったのは瀬田川の洗堰の操作を誤ったからだ、今回の大渇水は操作ミスの人災だと申し入れられた。実際は私の誤った判断でその年は史上一位の昭和十四年より実に四〇センチメートルも高い水位にしていた。もし、大渇水でなく、大洪水が襲来していたら琵琶湖は大洪水で、大浸水被害が生じていたことは間違いない。そうすれば洗堰の操作ミスによる大洪水で人災ということになり、その責任者である当時の私は即刻責任をとらされていただろう。たまたま大洪水でなく、大渇水になっただけである。その結果、渇水被害は二〜三カ月短くすることに成功したのである。渇水被害額は大幅に軽減できたことになった。

その折、滋賀県にこの大渇水に対しこれだけ渇水被害を軽減したのは瀬田川洗堰の操作のお蔭ではないか。感謝状でも出したらどうかと言ったが、滋賀県としては口が裂けても瀬田川洗堰の操作に対しありがたいなどと言えないと言っていた。

ダム湖沼において計画以上の洪水が想定される場合、たしかに観測網が充実し解析技術や通信技術は格段と進歩したけれども、一方これまでなかった爆弾低気圧、スーパー台風、帯状降水帯等のこれまでなかった異常気象が多発するようになった。ウルトラCのファインプレーで成功すればたまたま運が良かっただけであり、想定外のトラブルが発生した場合、あらゆるものに対応できるように設計されていないので破局的大事故につながる場合がある。

三、捏造・改竄・盗用・詐欺

最近、新聞紙上、頻繁にもてはやされている役者に「捏造」とか「改竄」とか「盗用」とか、「詐欺」とかがある。時代の四龍児である。捏造はスタップ細胞の小保方論文で突如として大役者になった。一方、オレオレ詐欺は一向にすたれる様子がない。

文部省は二〇一四年に捏造・改竄・盗用を「特定不正行為」と命名した。百パーセント悪い行為という事である。英語の概念はどうであろうか。

「捏造」を和英辞典ではfabrication、invention、concoction。捏造する動詞はforge（①鉄を鍛えて作る、②案出する。嘘を作り出す。③模造する。）invent（①発明する、創案する、②捏造する。）concoct（①材料を混ぜ合わせ工夫してスープ等をつくる、②でっちあげる。）fabricate（①組み立てて製造する、②嘘を作り上げる。）、makeupとある。

「改竄」を和英辞典で引くとfalsification、alteration。改竄する動詞はalter（①変える②去勢する。）falsify（①変造する、②曲げる、③裏切る。）cook、doctor

「盗用」を和英辞典で引くとmisappropricaton（着服する、横領する。）動詞ではembezzle（使い込みする、着服する。）、misappropriate、plagiarize（他人の説を盗む。）とある

「詐欺」は和英辞典を引くと、fraud（詐欺）、swindling（人をだまして金を巻き上げる。）、deception（欺くこと）とある。

如何にもしっくりしない。捏造も改竄も盗用も漢字の概念である。漢字の概念を調べる。

捏造とは事実でないことを事実の様にこしらえること。

「捏」は呉音で「ねつ」。漢音で「でつ」。捏（でつ）が動詞化され「捏ち上げる」となったもの。「でっち」から丁稚を思い浮かべるがそうではない。

捏とは土器を作るために轆轤を回し、土をこねること。土をこねて形を作る。無より有を生ずること。これをもって人を誣告すること。捏控。捏陥。

改竄の竄とは、鼠が穴の中に隠れている様。竄匿（ざんとく）。（竄伏叢社の中に隠れ住む鼠は容易に処置しがたい。これを人に移して四凶方竄の神話において辺境に放散させること。）

書の舜典に「三苗を三危に竄す」（詐欺の欺とは仮面をもって人を欺き驚嘆させること）。

詐欺の詐とは元は神の祝誓について言う語で、盟誓にたがう意である。論語に「久しいかな。由（子路）の詐を行うや」と、子路が神に偽る祝誓をしている事を孔子がたしなめて、「吾、誰を欺かん。天を欺かんか」と述べている。天を欺くを、詐を行うという。人を欺くことを欺という。鬼のような倛面をもって欺く意味である。

日本の鬼は良い意味（仕事の鬼）と恐ろしい鬼の二面性がある。西洋の鬼は悪魔（四凶方窮）で悪い意味しかない。

捏造・改竄・盗用は我が国の概念は悪い不正の意味のみである。しかし英語の概念では発明するとか工夫してものを作り出す良い意味が多く含まれている。性善説の言葉が多い日本語より、性悪説が多い英語の方が両面性含まれていることはどういう事なのであろうか？　考えさせられる。不正に対しては日本語の方が潔癖性が強い事なのだろうか？

四、政治と選挙

(1) 改革ばやり

①物事の二面性

全ての物事には表と裏の二面性がある。人生、楽あれば苦あり。楽をすれば必ず失うものがある。得るものがあれば必ず失うものがある。

ブッシュ大統領が何度も繰り返していった言葉に「テロかテロでないか」がある。テロとの戦いと言いつづけてイラク戦争に突入した。パキスタンのムシャラク大統領にアメリカに支援するか支援しなければアルカイダとみなし攻撃すると、イスラムの強いパキスタンを脅してアメリカ側につけた。イラクは、大量破壊兵器を隠し保持していると言って先制攻撃した。ついに大量破壊兵器は出てこなかった。イラクは未だ自爆により大量の米兵等が大きな被害を受け続けている。ブッシュにとってはテロかもしれないが、イスラム教徒にとっては自爆する人は民族の先祖の復讐をしてくれる最大の英雄である。見方が変われば、正反対の評価となる。

浄土真宗の親鸞は「悪人なおもて往生する」といった。極悪人にも仏性があり、良い心があるのだ。日本人の物事の見方の基本は、全ての物事には良い面があれば悪い面もある。物事の二面性を適確に評価することが、日本の古来よりの文化の遺伝子である。

②文化を破壊する「聖域なき構造改革」

「良い改革」とは物事の二面性の両面を適正に評価して、悪い面は変える。良い面は維持、増進を図ることである。聖域なき構造改革とは「悪い改革」の典型である。良い面を一切評価せず、一部分の悪い面のみに着目し、悪い面に焦点をあわせたルールをつくる。従って良い面がルールの枠組みの外となり、存続できなくなり、一瞬にして喪失してしまう。

マスコミは物事の悪い面のみを過剰に強烈にキャンペーンする。良い面は一切報道しない。

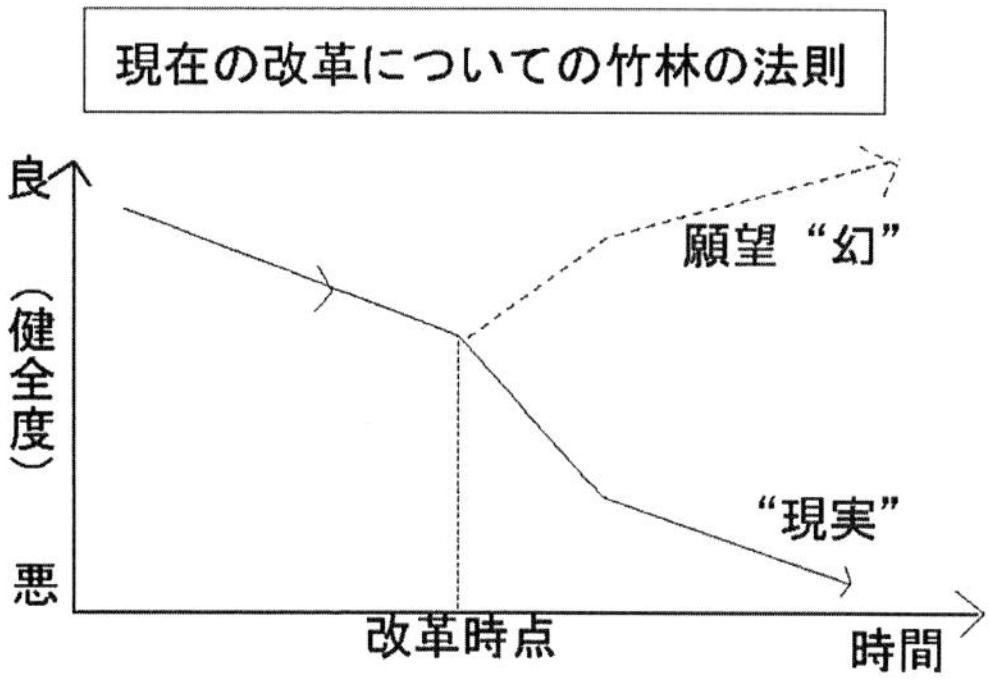

③公務員制度改革を事例として

日本の公務員は全世界の各国の公務員と比較しても有能で、汚職の極めて少ないのが特筆される。大半の公務員は滅私奉公、天下国家のために骨身を削ってよく働く良い公務員である。

しかし、マスコミがとりあげるように一部の公務員は己の出世と利得の為に、収賄等汚職するごく一部の悪い公務員もいることも確かである。全ての公務員はマスコミが連日報道する悪い公務員であることを前提とした制度に改革する。大半の良い公務員は人の為、世の為、天下国家の為、滅私奉公は出来にくくなる。オンブズマン制度で内部告発を奨励すると何かよい事をすれば、どこかでたたかれることとなる。これが最大の税金の無駄遣いである。改革すれば、その部門（分野）

がこれまで以上に急激に悪化する。これを竹林の法則と言っている。

(2) 一票の格差

前回の衆議院選挙が終わったら、待ってましたとばかりに、弁護士団体が違憲状態での選挙は無効だと提訴した。理由は最高裁の判決で一票の格差がいくら以上になっているので憲法違反だという判決をだしているからだという。一票の格差とは国政選挙の選挙区の区割りの問題だ。人口の少ない山陰等では少ない得票で当選し、一方、人口の稠密な都市圏では、その何倍も得票したのに落選した。これは不平等だというものである。是の解決策は、小選挙区とか中選挙区など止めて全国区一本にすればなくなる。選挙区割をする中選挙区とか小選挙区の制度では一票の格差が必ず生じる。

そこで問題となる基礎には人口とか有権者数とかの数字である。私は人口や有権者数は最も大切な数値であることには、異を唱えるつもりはない。しかし、それらとは性質が異なるが、国土の面積の広狭度合いや中央からの辺境度合いも考慮しなければならない重要な数値ではないかと考える。というのは、国会は国家としての日本国の今後の諸々の枠組みについて議論するところである。

国家とは国土とそこに住む国民よりなる。すなわち国民の安心と安全の確保と、その為の基盤としての国土の保全を議論すべきところである。

すなわち、国民の代表ということでは人口や有権者数が一義的に重要である。

国土のことを考えてくれる代表としては、広い北海道とかからは国土の面積に応じた代表が必要である。

又、国土の保全を論ずるには国土の真ん中は関係ない。国土の四周の防衛が一番大切である。四周の辺境が侵略されるのである。辺境を代表する議員の存在が重要である。その意味から辺境の離島を多く抱えている沖縄県や鹿児島県、長崎県、島根県それに北海道や東京都の離島の区割りの選挙区では離島・辺境割増しで多くの代表を国会へ送り届ける必要がある。

その意味で小選挙区制度の区割りを考える場合には、国土面積の広狭度合いの指数や離島等の辺境度合いに応じた割増指数を考慮することが重要であると考える。

現行の選挙制度では人口のみしか考えないことは大きな間違いであると考える。

人口割で選出される都会の狭い数区・数市町村から選出される国会議員は次の選挙に向けて、選挙区の住民のご機嫌伺いに頭を使う。道路や地下鉄などもう十分にある。もう必要ないと思うであろう。日本の辺境で自分たちの先祖の地が他国に実行支配されお墓参りもできなくて悔しい思いをしていることなど実情を一向に知ろうともしない。

一方、北海道など広い国土の所から選出された国会議員は広い山林が手入れされずに荒れ果てているのをどうにかしたいと思うし、道路等インフラがもう少し整備されたら、国土がもっともっと生きてくるのにと思っている。

国会議員に求められていることは、対外国に対して、侵略をもくろむ隣国からどうして国土を守るか、辺境の守りをどうするかということが一番の大きな仕事である。日本文明の今後は、水・

食料・エネルギーの文明の三要素の確実な確保である。隣国や天変地変から国土をどう保全するのか、外国からの侵略に備える国防はどうあるべきか、それに国内の秩序の治安の維持はどうするか。文明の三基盤の充実が大切だ。これらの文明の六要素が国会議員の議論するべき最も重要な議題である。そのほかは、地方の都道府県議会に下ろしても良い課題であろう。このことを考えると、国会議員は国土の広さや辺境を考える辺境・国土割増の国会議員が半分、そして人口割の国会議員が半分でよいのではないでしょうか。

(3) 政治と選挙　政府が招く国損こそ最大の無駄遣い

世界経済はグローバル化し、地球上のどこかで何かが生起すると敏感に株価に反応する。例えばアメリカ大統領の微妙な発言ひとつで株価は鋭敏に反応する。

福島第一原発事故後、菅総理や枝野官房長官はその場限りの発言を繰り返した。これがどれだけ風評被害の根源となったことか。当時の事情が明らかになってくると、そうした発言がどれだけ正確ではなかったかが分かる。

では、東日本大震災が発生した直後、世界の株の第一反応はどうだったのか。

日本は未曽有の大国難に遭遇し、日本企業も相当なダメージを受けた。その結果、日本の株価は落ち込むに違いないという予想のもと、先を争って株が売られることになるのではと考えることもできるが、そうではない。

株の世界では「大災害に売りはなし」という諺がある。大災害が起きると、政府は次々と緊急災害対策を打ち出す。その結果、被災地の中心部は別かもしれないが、周辺にはいわゆる震災特需が急に発生するからだ。

こうした震災特需は、戦争特需と同様な経済動向との見方もある。戦争が始まると、戦争特需が起こる。当事国ではこれまで蓄えてきた軍用品が瞬時に消費される。そしてあわてて増産する。周辺国では軍用品の調達で景気が上向くのだ。

東日本大震災の直後、日本の株価は瞬間的に上がったものの、すぐに下がっていった。一方、アメリカの株価は瞬間的には下がり、その後に上がるという対照的な動きを見せた。日本の政府関係者による対応を見て、株価の動きが変わったのである。

大きな国難に遭遇した日本政府は、保有している百数十兆円のアメリカ国債を売るに違いない。そうして一挙に国債が売られるとアメリカは大打撃を受けるであろうということで、株価は一瞬下がった。しかし、日本の政府関係者の対応を見て、米国債を一切売る気配のないことが確認できたため、アメリカの財務長官が安堵したとのニュースが伝わり、アメリカの株価は一瞬にして持ち直したという。

世界の株の動向は鋭敏でかつ利口である。日本政府の無策ぶりを一瞬に見抜いたのである。

民主党政権は、無駄を削減する目的で事業仕分けというマスコミ受けする見世物を演出した。一方、鳩山政権が普天間基地移設計画をねじれさせた失態は目を覆うばかりであった。国民が被った損害（国損）はいかほどだったのか。これこそ大変な税金の無駄遣いということである。

続いて首相となった菅氏は東日本大震災・福島原発事故への対応で日本中をおびえさせ、大変な出費を強いている。国民のこうむった損害はいかほどだったのか。これも大変な税金の無駄遣いということである。

そしてその次の野田政権は、こともあろうにこのデフレ不況時に消費税の増税を強行しようとした。デフレ不況時の増税ほど愚かな政策はない。震災復興のような新たな付加価値を創出する。つまり国内総生産（GDP）を増やす財源には新たなマネーストックを増やさなければ、デフレ不況を更に悪化させる。デフレ不況時の復興財源を増税でまかなおうとすることは最悪の選択である。増税で税収が増えるどころか、不況により税収は大幅に減る。この政策による国損はどれくらいになるであろうか。

要するに、政府が招く国損こそ最大の無駄遣いなのである。

(4) 特別公務員は何故選挙違反にならないのであろうか

私は前回の衆議院議員総選挙で非常に腑に落ちないことがある。それは大阪市の橋下市長と滋賀県の嘉田知事の選挙活動である。

当時の衆議院選挙に向けて急遽理念のすり合せもなく離合の末出来た政党に日本維新の会と日本未来の党があった。それらの党の副代表と代表になったのが当時の橋下徹大阪市長と嘉田由紀子滋賀県知事である。難産の末急場しのぎで誕生した政党の顔として活発な選挙活動をされ、マスメディアを賑わせた。このような特別職公務員の選挙活動については、マスコミ等が一切問題として取り上げようとしないが重大な問題であると考える。

橋下氏は当時は現職の市長である。嘉田氏も当時は現職の知事である。両氏共、選挙で選ばれた公務員の特別職である。公務員が選挙である政党を応援すれば、その影響は極めて大きい。公平であるべき選挙に大きな影響を与える。そのようなことから公務員法により公務員の選挙活動は厳しく禁じられている。

特別職の公務員だから公務員法の適用の範囲外ということにはならないのではないか。

現在の公務員法は現職の市長や知事が選挙活動をすることを想定もしていなかったかも知れないが、一般公務員以上にその影響は極めて大きい。法律の趣旨からすれば、より厳しく禁じられるべきものである。

その時の選挙での両氏の選挙活動は公務員法及び、公職選挙法の立法の主旨に明確にして重大な違反行為ということになる。それよりも、両氏とも選挙活動で何日も何日も市長や知事の本来業務を離れている。市長や知事の職は極めて多忙で大変な激務である。激動で極めて錯綜した現在社会においてあらゆる権限を集中させている地方自治体のトップにしか解決できない難課題が山積みである。

市民や県民から難課題解決を期待されている。その結果、公務員の給与は高いとの批判がある中でも、市長や知事等の給与や退職金は特別職として破格に高い。給与の高さはその国民から期待されている職務の大きさを表している。その市民県民から付託されている職責を何日も何日も放り出して全国を選挙活動で飛び回っていた。これは公務員法で厳しく尊守が求められている職務専念義務違反である。特別職だからその適用範囲外ということにはならないはずだ。例え、公務員法には明確に規定されていなかったとしても、一般公務員の模範としての特別公務員である。一般公務員以上に厳しく自分で律するので、こんな馬鹿なことが生起することは想定しなかっただけであり、法の立法の趣旨からすれば一般公務員の職務専念義務違反以上に罪は重い。

橋下市長は弁護士をしていたという。法の精神は誰よりも熟知しているはずである。橋下氏のブログに選挙違反で訴えられるかも知れないと本人も言っていた。本人もよく分かった上で大変な罪を犯している。激しく罰せられなければならない。

公務員批判のもとに現在、兼業禁止、副業禁止から、多くの公務員は講演しても講演料は辞退、原稿を書いても原稿料は辞退等自らを厳しく律している。それらの上に立ち、それらの人の鑑の役割の御両人はテレビ等マスコミ露出や原稿料・講演料等の副業収入など一切辞退しているものと信じる。

私は法律の門外漢である。私はこの文を書くにあたって敢えて公職選挙法とか公務員法の条文を読んで条文の解釈から論を展開するつもりは一切ない。法律の制定される時の趣旨の考えから、どうあらねばならないかを考えたまでのことである。従って法律の文章解釈ではそのようなことを想定していなかったので記述していないのかもしれないし、また法律の常識からすれば、その様な、明確に禁止と書いていなければ、駄目だとは言えないのかも知れない。私は法律の条文を一切検証してはいないが、ずぶの素人なりに何のこだわりも無く論を進めれば、こういう展開となる。

(5) マニフェスト（選挙公約）違反は詐欺罪に何故ならないのだろうか

マニフェストはマルクスの共産党宣言のことであるが、日本では選挙公約のこととして昨今もてはやされてきた。前々回の衆議院選挙では民主党はありもしない財源をいくらでもあるとして、子供手当や高校無償化等々税金をばら撒く甘い誘惑の公約で多くの票を獲得して、政権交代を成し遂げた。そしてその次の選挙ではその前の選挙での口先だけの甘言であったことが明確になり大敗し、結局マニフェストは大半実現できないことになった。これは詐欺罪ということではないのか。私は法律の専門家ではないので、法律の条文解釈をしようとは思わないが、マニフェストを高らかに唱え当選を果たした国会議員が詐欺罪で罰せられたとは聞かないので、法律解釈では詐欺罪に当たらないということなのでしょうか。

子供のころから、人を騙すことは最も悪いこと、最も卑劣なことと教えられて育ちました。政治家は多くの人々から選ばれた選良である。人の上に立ち社会を導くリーダーである。その政治家が不特定多数の国民に堂々と約束したことを守らないということはどういうことなのでしょうか。選挙に勝ち当選すれば、そんなことは知った事ではないということなのでしょうか。

国会議員一人当たり年間二億円近くの多額の税金を使っている（※）。出来もしない甘いことを言って政治家になったということは、国民の汗の結晶の税金を得るために嘘を言ったことになる。

（※国会議員一人当り年間歳費（給料に当たる）二、二〇〇万円、秘書代等を含め七、〇〇〇万円。それに議員会館の部屋代、議員宿舎の家賃、更には政党交付金一人当り四、〇〇〇万円等々。）

嘘はドロボーの始まりと教えられて育った。これは詐欺罪であり、税金ドロボーである。人の上に立ち、人々の模範とならなくてはならない選良は、一般の国民以上に厳しく法律を解釈しなければならないのではないか。

下々の我々の社会では人を騙して金銭を得ることを詐欺師と言い、ドロボーと言って法律で厳しく罰せられる。

国民から選ばれた選良と言われている国会議員は、そのような下々の社会のルールなどにはとらわれないということなのだろうか。

最近の選挙でも、脱原発だとか卒原発だとか大衆迎合的な耳さわりの良いマニフェスト（選挙公約）をかかげ、にわかに烏合した政党が現れた。幸いにも国民はその前の選挙で騙されたので、また騙されるほどお人よしではなかったのでそれらの候補は殆ど当選はしなかったものの、まだ何人かは議席を獲得している。

これらの国会議員はまさに詐欺行為で税金を得る税金泥棒行為をしているのである。恥ずかしいとは思わないのだろうか。「好言令色少なし仁」と論語にある。

(6) 国民投票とか直接首相選挙

日本のマスコミや有識者と称せられている人には欧米で行われている制度が進んでいて、日本で、それらと違う制度の場合、日本が遅れている。欧米の制度を見習って欧米と同じようにすべきだという論を展開される方が多くおられる。

日本の保守党の安定政権が長く続いていたとき、二大政党制の方が良いとキャンペーンをはられ、民主党による政権交代がなされ大変高額な授業料を支払って、失敗を経てまたその次は自民党復活という交代劇をしている。この間、民主党政権による多額な国益の喪失はどれほどだっただろうか。二大政党で競い合うということは安定政権が出来にくい。いつもグラグラ不安定な政権になるということである。その他、よく聞かれることに、米国の大統領選と同じように日本の首相も直接選挙で選ぶのがいい、という人がいる。国論を分ける原発問題とか、ＴＰＰとかの重要な案件が出るたびに、国民投票をやって決めるべきだという論が出てくる。

私は極めて高度な専門知識が必要で高度な判断が要求される政策決定に当たっては、日本は国民投票は絶対に馴染まないと考える。その理由は、日本の長い歴史で日本国民はお上に逆らえない、従順な国民性が育まれてきている。かつてはお上である幕府には逆らえなかった。明治維新後は日本の政府の方針には逆らえないという国民性が育まれてきた。

現在は情報公開が進んでいるので、国民は何でも知らされている、と信じ込んでいる。

現在の日本の最大の権力者はマスコミである。日本のマスコミは世界でも最も巨大な発行部数を誇っている。世界のベスト五の中で四位までを占める巨大な発行部数を誇る。

日本の歴史は繰り返される。日本は狭い島国であり、狭い島国の極めてわずかな平地にひしめき合って生活している。周りの人から村八分にされると生活して行けない。

勝ち組に乗らなければ干されてしまう。関ヶ原の戦いの時、小早川軍が東西両軍のどちらが勝ちそうか日和見し、優勢な徳川側についた話は有名である。山崎の合戦でも筒井順慶が洞ヶ峠で日和見したことは余りにも有名である。

現在は国論を分ける議論になった時には、マスコミが世論調査を何度も何度も行い、強力に世論を誘導していく。

多くの国民は世論の大勢側につかなければ、職をなくして生活出来なくなる。

郵政民営化を争点にした小泉選挙の時には、小さな政府論や民営化が善という強力なマスコミの大規模な世論誘導のキャンペーンを展開している。マスコミの論と違う論を展開する者には守旧派などというラベルを張り付け、魔女狩りを行う。

マスコミが次から次へと行う世論調査は設問の仕方でどんどん世論をある方向に向けさすことが出来る。その結果、国民世論もどんどんその方向になってゆく。巨大マスコミは記者クラブ等で論調を談合している。

国民投票をすれば巨大マスコミ数社による世論誘導で決まってしまいかねないという危惧がある。

更に、投票権を十八歳まで下げるということは、マスコミによる世論誘導をしやすい層を大幅に増やすことになる。国民投票は日本の風土には絶対に馴染まないと言わざるを得ない。

(7) 国会議員に対し品質確保法の制定を

資本主義の世の中、自分達の組織の目的追求により生まれた利益を社員や株主に配分して関係者の生業が成り立っている。

その会社の目的が反社会的なものでないかぎり、その組織の目的追求は社会に役立っているのである。日本の国家・国民の幸せに貢献しているのであるが、直接的ではなく二次的間接的である。一方、ダイレクトに日本の国民・国民の幸福のためにつながる仕事を目的としているのが公務員である。

公務員の仕事は直接金儲けに繋がらないので、民間より厳しさが不足しているとか、お役所仕事と揶揄される向きがある。公務員は社会の好不況に影響されない等もあるので根強い人気がある。国家公務員、地方公務員になるためには厳正で難関な試験に合格しなければならない。日本の公務員はその意味である程度の知的レベル・品質保証がされている。国家公務員の上級職試験は昔の高等文官試験である。一番難関な国家試験の一つである。

それにひきかえ国会議員や県会議員はどうであろうか。ひところ兵庫県の号泣県議が話題になった。又、維新の会の大阪地方区の比例区から選出された若い女性議員が議会を欠席しその間の行動が国会議員としてふさわしくないということで社会から厳しく糾弾され、橋下代表から除名処分されたニュースも話題になった。国会議員等は公務員の仕事を監督監視する役割もある。国会議員は選挙により選ばれた選民として国民の税金を一人につき年間に一～二億円支給されている。レベルの低い国会議員は、マスコミがつくる世の風潮で選ばれる選挙に出る人には公務員試験以上の厳しい品質確保法が必要であると考える。

ある県の公務員試験は競争倍率が五十数倍で大学卒業後そのための予備校まであるという。

(8) 一国の総理が世界中から馬鹿にされ出した――新聞記事からの拾い読み――

アメリカのジョークに「ＨＯＨＯ」というものがあった。ＨＯＨＯとは軽蔑すべき物に対する隠語だという。数代前の日本のリーダー鳩山総裁のＨと日本を実質的に牛耳っている民主党の小沢幹事長のＯ、そして普天間問題の沖縄対応の実質的責任者の元平野官房長官のＨ、そして普天間問題のアメリカ対応の責任者の岡田外務大臣のＯと頭文字を合わせると、ＨＯＨＯとなる。外国のマスコミが日本のトップリーダーの普天間問題の対応を見ていて、その馬鹿さ加減にあきれ果てて「ＨＯＨＯ」と軽蔑した。

鳩山元総理が、総理時代に都内で開いた国家公務員合同初任研修で、約七〇〇人の新人官僚を前にこんな訓示を行っている。

「政治家がばか者であり、トップの首相が大ばか者である国がもつわけがない。そんな国が、世界的に認められるはずもない」

新人らは複雑な表情を浮かべていた。果たして失笑をこらえていたのか、絶望にとらわれていたのか。

又四月十三日閉幕の核安全保障サミットで鳩山総理はオバマ大統領に対して普天間基地移転の

五月末決着への協力をとりつけたかったようだ。

しかし、オバマ大統領は鳩山総理を一切相手にしなかったという。当時の米紙ワシントンポストは普天間問題を解決できない首相に対し「哀れでますます愚かな日本の首相」と皮肉った。さらにサミットに出席した各国首脳に対し、通信簿をつけた。

鳩山由紀夫元首相は最大の敗者（負け犬）と酷評していた。又、オバマ政権の高官の見方として「どんどん愚かになっていく日本の総理がハトヤマ・ユキオだと」これ以上ない酷評をしていると新聞は報じていたのである。その他、「馬鹿が政府専用機でやってきた」とか散々な見出しで報じられていた。当時の自民党の谷垣総裁との党首討論で、鳩山首相は「ワシントンポスト紙の言うように、私は愚かな首相かもしれません」とあっさり認めた。その上で「愚か」を「愚直」とすりかえて、「（沖縄県民のために）愚直さを生かさなきゃならないときだ」と強調したのである。米紙ワシントンポストは〝Loopy〟だと記したのである。Loopyとは「狂った」とか「馬鹿な」という意しかない。愚直は英語ではsimple honestyとかsimple and honest等となり、単純な正直者という意となり、〝馬鹿〟の意はほとんどかくれてしまっているのだが。

鳩山元総理はloopyをsimple honestyにたくみにすり替えた。鳩山首相は世界が認めるloopyなのであるが、ただのloopyではない。口から出まかせで人をごまかすペテン師ではなかったか。

又、永田町界隈で「謎の七面鳥が現れた」と以下のような噂が囁かれているという。

○『上野動物園には七面鳥がいる。日本には人々の悩みを救う「十一面観音様」がいる。永田町には、日本国民を困らせ、不幸に落とし入れる謎の七面鳥が現れた。正体はよく分からない。中国から見れば「カモ」に見える。米国から見れば「チキン」に見える。欧州から見れば「アホウドリ」に見える。日本の有権者から見れば「サギ」だと思われている。役人・公務員から見れば「シラケドリ」だとうわさされている。オザワから見れば「オウム」のような存在。でも鳥自身は「ハト」だと言い張っている。そう言えばハトが豆鉄砲をくったような大きな目玉が特徴だ。それでいて約束したら「ウソ」に見え、身体検査をしたら「カラス」のように真っ黒。釈明会見では「キュウカンチョウ」になるか、会見場に現れる時の足取りは「ペンギン鳥」だ。実際は単なる鵜飼いの「ウ」、私はあの鳥は日本の「ガン」だと思う。』

当時の産経新聞で当時の石原慎太郎知事が、堂々と次のように記されていた。

『小学生じゃないんだから』『大先生が知ってらっしゃるか知らないが…』。石原慎太郎知事が連日にわたり、小学生と哀れみ、大先生と皮肉ったのは、米紙のコラムで『ルーピー（現実離れ、愚か）』と称された鳩山由紀夫首相だ。（中略）続けて『学べば学ぶほど米海兵隊の抑止力が分かった』との首相発言に『一国の総理がみっともない。世界があきれる』と憤った。その次の定例会見でもこの話題に触れ、『（民主党政権の結果）今はジャパン・パッシング（外し）からディッシング（侮蔑）だって。屈辱だね』と鼻で笑った」

○噂の四段階説

しかるべき立場にある著名人に対する良くない噂については、全部で四段階のステージがあると思う。

第一段階のステージは、こそこそと関係者が噂し出す段階で、当然のことながら本人は知らない段階である。

第二段階のステージは、本人の耳にも良くない噂が誰ともなく伝わってくる。しかし本人としては、何食わぬ顔で噂を無視する段階。

第三段階のステージは、噂もどんどん広まってきて、噂を無視することもできなくなって、本人としても知らぬとは言えなくなり、何らかの釈明のコメントをしなければならなくなる段階。

当人としては釈明により、よからぬ噂の収束をはかろうとするが、失敗すると次の段階に進む。

第四段階のステージは、別の立場に立つ著名人の良からぬ噂にコメントするのは「はしたない」としてこれまで控えてきたが、噂の渦中にある人に対して大っぴらに軽蔑的発言を公言し始める段階。この段階に至れば、すでに状況は末期症状であり、いろんな著名人が石原知事を突破口にどんどん話は大きくなり、とことんまで行かないと収拾がつかない段階である。

五、関東連合と関西連合

(1) 関東連合と関西連合

数年前マスコミをにぎわしていたキーワードに関西連合と関東連合がある。私は現在、首都圏に居住しているので、関東連合のニュースを見かける。二〇一〇年の歌舞伎役者を巻き込んだ海老蔵事件でその存在を知ることになった。

警視庁には海老蔵事件を機に組織犯罪対策特別捜査隊に専従班が設置され、二〇一三年には「暴力団と同程度の明確な組織性はないものの、構成メンバーが集団で常襲的に暴力的な不法行為をしているグループ」を準暴力団と位置付けた上で、実態解明に本格的に取り組んでいるという。

関西においても関西連合があるという。

関西は有名な山口組等暴力団の本場なので関東連合などとちがい、更に強力なものすごい暴力団組織があるのだろうと想像した。

ところが関西連合とは関東連合とは全く性質の違う組織だった。

関西の人は皆よく知っていることだろうが、関東にいると関西連合など話題になることはない。ニュースにもならないので一切知らなかった。

関西の七府県が地方自治法の規定に基づいて設立した特別地方公共団体で、救急医療の連携や防災等の府県域を越えた行政課題を取り組む組織だそうだ。

取り扱う業務は、①広域防災　②広域観光・文化振興　③広域産業振興　④広域医療　⑤広域環境保全　⑥資格試験・免許等　⑦広域職員研修の七事業分野が設立当初の事業だという。

ここまではなるほどとうなずけるのだが、そのあとに港湾の一体的な管理、国道、河川の一体的な計画・整備・管理の分野にも拡大を目指し、国からの権限・事務の委譲に向けて、国の出先機関の事務の受け皿づくりを行うとしている。

要は、国土交通省の出先の近畿地方整備局の国道や二府県以上にまたがる一級河川の管理を国からとりあげて、府県連合が行うということを目論んでいるという。これが関西連合の真の目的だとも言われている。

私は県の立場で河川や道路の事業に従事したし、国の立場で河川や道路の事業にも従事したことから、国と県の道路や河川事業の役割分担は非常にうまく出来ていると思った。それを全て府県連合に移すとすれば、不都合なこと、デメリットはすぐにいくつでも思いつくが、メリットは何も思いあたらない。

関西連合の七府県の知事さんや四市の市長さんは何か大きな勘違いをしているようにしか思えない。本当に府県にとってメリットがあることなら日本全国の四七都道府県及び全政令都市の市長さんもすぐに賛同するものと思う。

関西連合の知事や市長以外の全国の他県の知事や市長さんは冷静に何をとんでもない勘違いをしているのだろうと受け止めている。

関西連合と関東連合は全く性質の異なるものと当初思

関西連合と関東連合の対比

	関西連合	関東連合
活動の場	近畿圏を中心（奈良県や福井県・三重県は除く）として四国や中国地方の一部も入る	関東一円。渋谷、六本木、西麻布、新宿のいわゆる闇会社　・2010年海老蔵事件 ・横綱朝青龍による障害事件
構成メンバー	滋賀県、京都府、大阪府、兵庫県、和歌山県、徳島県、鳥取県、京都市、大阪市、堺市、神戸市	東京都世田谷区、杉並区の暴走族の連合体 比較的裕福な家庭に育った者がメンバーに多い
リーダー幹部	連合長　兵庫県知事　井戸敬三 副連合長　和歌山県知事　仁坂吉伸	明確な組織性はなさそう。暴走族時代の先輩・後輩や独自の人脈で繋がっているよう。よくわからない
目指すところ	国道・河川・港湾等の国の出先機関を廃止し関西連合がその権限と事務を引き継ぐことを目指す	元メンバーの言「俺らはこれからどんどん大きくなっていきますよ。俺らの時代が来るということです。」よくわからない
両組織の共通点	・現状安定秩序に対する不満からそれの破壊を目指す。 ・自分たちを中心とする狭い範囲しか見ていない。 ・全体が見えない中での自分の権力拡大を目指す。 ・自分達の活動が広い社会、長い歴史上にどれだけ悪影響を及ぼすかは眼中にない。	

えたが、よくよく両組織のリーダー達の思考過程を想像すると、非常に根っこの浅い勘違いをした人達の集まりのように思えてならない。

名は体をあらわす、ということなのだろうか。

(2) 二重行政で無駄だという論理

道路には国道と県道と市町村道、さらには農道や私道等がある。国が直接管理をしている国道と、県が管理している県道とはそもそも、その役割や目的が異なる。また2府県以上にまたがる1級河川は国、一府県内の二級河川は府県が管理している。国と県では管理している対象は明確に区分されている。河川の水の流れも道路も繋がっているので、どこかで線引きはされているが、同じ区間を国と県で二重に管理しているところなどどこにもない。何をもって二重行政だから無駄だと言うのであろうか。

国土の根幹となる道路や河川の区間は、国民の利害と安全に直接深く関係するので、国が直轄で管理している。二〇一一年に発生した東日本大震災や台風12号による紀伊半島大水害で分かるように、大災害が生じた場合、一県や二~三府県では対応が不可能であり、国が国力を挙げて復興に当たらなければならない事をあらためて教えてくれた。

特に二府県以上にまたがる一級河川の大災害の場合、上流と下流とでは利害が対立する。上流の幸せは、下流の不幸せなのである。そのような宿命を抱えている。連合長という責任者による府県持ち回りの広域連合では利害が紛糾して収拾がつかなくなる。結果として関係住民に多大な災難・不利益をかける結果となることが必定となる。

これまで室戸台風、伊勢湾台風、カスリン台風、アイオン台風等の大災害の歴史を振り返れば、県レベルや二～三府県レベルでは何も対応できない事を如実に歴史は教えてくれている。大災害の時には国は広域連合に「指示」するのではなく「協力要請」するという。国家挙げて対応しても大変な仕事を、国を放りだして何ができるというのか。

むちゃなとんでもないことを言えば、マスコミが面白がってヤンヤ、と囃し立てる。マスコミから囃し立てられるとドンドン、エスカレートしてゆく。

自然災害から国土と国民の安全を守るという河川防災行政などは国家百年の計で、地味な仕事をコツコツ積み上げて行く以外にない。

マスコミ迎合の首長が、選挙で勝って信任されたので、何をしても良い、次は国の出先機関を取りにいくのだという。まるで国取り合戦絵巻のゲーム感覚の世界である。人気投票という世の風潮は移ろいやすいものである。何期も続いた歴史は無い。化けの皮はすぐに見破られるのである。メッキはすぐに剥げるのである。少しの災害が来れば、すぐに不合理で身動きできなくなる。どう考えても不合理なシステムが長く続くわけがない。後世の孫子の代がその不合理による大変な不利益を背負わなければならない。その時には不合理なシステムを作った元凶の首長は既にいない。大変な不利益は結局、尊い人命喪失と税金という形で住民が背負わされる。

行政区域は人間の都合で線引きされている。しかし、自然災害は県境等の行政区域など考慮してくれない。日本は島国であり、四周の広大な海が国境である。同一な逃げられない自然災害の宿命を日本国民は等しく背負っている。国土の保全と国民の安全を考えるのには、同じ宿命を背負う範囲・枠組みの中で考えるのが一番合理的である。一番無駄がない事につながる。

道路も河川も国土の根幹をなすものであり、国家の枠組みの基盤をなすもので、国民の利害と安全に直接かかわるものは国が直轄管理をしている。ほとんど県レベルに影響が収まるものは県が管理している。その影響が市町村レベルを超えないものは市町村が管理しているという、無駄が一番少ない合理的な管理システムが形成されてきた。

淀川は日本の国土の根幹を形成する河川である。日本全体の中で淀川を考える事が、日本国民にとって一番無駄がないことなのである。

(3) 国連とは大量破壊兵器が傍若無人に振る舞う場

世界には百数十カ国が存在し、戦争のない平和な社会の実現のために国連が設置され世界平和に向けての諸活動を行ってきている。

しかしその実態は、核保有等大量無差別殺戮兵器を保有する数カ国が自国のみの利益追求の傍若無人な行いの場なのである。二〇一〇年八月一日の「ニューヨーク時事」によると、クラスター(集団)爆弾の使用や開発、保有を禁止する条約が発動し、国際社会は紛争終結後も犠牲者を出しつづけてきた無差別兵器の廃絶に向け大きな一歩を踏み出した。と報じている。

しかし、クラスター爆弾の主要な生産・保有国である米中露は条約に参加していないという。

六、内部告発奨励政策を考える――人の世の末・国家を蝕む悪政の極み――

日米構造協議でアメリカが執拗に求めている日本の社会の構造改革は次々に大きな成果を着実に上げてきている。日本の勤勉な地方の働き手のトラの子である郵便局の貯金をハゲ鷹ファンドの餌食の場にさらす郵政民営化をはじめ、日本社会に全くなじまない、また必要性のない裁判員制度や多方面にわたる聖域なき構造改革が着実に進められてきている。その中で、お世話になってきた建設省や建設業を取り巻く改革としては、日本の発展に大きく貢献してきた官民共同開発などを死に体にしてきた談合排除法や、独創の知恵を全面的に排除し、全てを競争手続きにかける論が、さしずめ太平洋戦争の趨勢を決めたミッドウェイ海戦にあたるものではないか。この日本崩壊作戦に向けて予想以上に大きな効果を発揮した戦略が内部告発の奨励作戦と国土交通省の文書公開と無駄使い論の作戦であった。

◎内部告発を奨励すれば、人心は乱れ、社会は内部から腐敗し崩れていく

内部告発とは、ある一つの目的を一にする人間の集団が作る社会の中の一員が、自分の構成している組織を裏切ることである。「裏切る」の反対は「期待にこたえる」ことである。裏切るの「うら」とは「こころ」のことである。羨（うらや）むとは「ウラ」すなわち「こころ」が「病む」でいることであり、裏切るとは「こころ」を断ち切ることである。人間として一番大切な心を切り捨てる者、裏切り者は人間に値しない、最低の評価を受けることになる。内部告発の奨励政策・裏切り者が多く現れる事を促すことは、身近な人を信用してはいけない、人と人の和（輪）の絆を断ち切り、疑心暗鬼な社会形成を目指すということになる。
◎ホモサピエンスという生物的存在のものに人を思いやる心が備わって「人」となり、さらに、教養や品格が備わって「人間（にんげん）」となり。その「人間（にんげん）」が複数集まれば、その間にできるのが「人間（じんかん）」である。「人間（じんかん）」とは複数の人間（にんげん）の間の関係（社会）ということである。
人間（にんげん）は人間（じんかん）を構成して初めて人間（にんげん）となる。人間（じんかん）を構成しない人間（にんげん）は無人島で一人で暮らすようなもので、生きていくために食べるものと安全の確保のために、いずれ、生物的存在以下（動物は群れを作る）の存在になっていかざるを得ない。人間（じんかん）において人間（にんげん）はまわりの人間（にんげん）から多大の恩恵をいただいて生きている。一人間（にんげん）はいくつかの人間（じんかん）が作る社会の構成員である。小さきものとしては夫婦、親子で作る家庭という社会がある。

そして、会社や学校等の社会の構成員でもある。さらに市町村を構成している市町村民であり、さらには、日本国を構成している日本国民でもある。それぞれの人間（じんかん）で作られる社会には文章で記載されているかどうかではなく、人間（じんかん）の存在目的があり、暗黙の構成員の期待されている役割がある。家庭という社会では、構成員である、家族の幸せを願っている。会社という社会では、会社の社業の発展を通じて社会のために役立つ仕事をすることが期待されている。また公務員は公務という仕事を通じて社会のために国民、県民、市町村民の幸ひ（さきわい）のために役立つ仕事をすることである。

しかし悲しいことに人間（にんげん）というものは誤りを侵すものである。侵すとは、定められた基準範囲を超えることである。してはならないことをすることである。人は社会に出るまで学校などに籍を置く、小学校、中学校、高等学校等々、長い学校生活で多くの試験を受けてきた。全て百点満点だったという人はいないはずである。学校の試験だけでなく、いろんな場面でいろんな失敗を繰り返して生きている。〝はたらく〟ということは、その人の傍（はた）の人、周りの人を楽（らく）にさせることである。働くという字は「人」と「動」よりなる。働くとは自分の周囲・傍（はた）の人の幸ひ（さきわい）をもたらす、楽をもたらすために自分の身を動かすことである。人が動けば必ず失敗は付いてくる。人によって失敗の多少はある。プロ野球の名選手「イチロー」でもたまにはエラーをする。人は恥ずかしい失敗もする。恥ずかしい失敗はその人のプライドを保持するためにも、周りに知られたくないということが人情である。

どんな夫婦でも隠し事などない夫婦などないのではないか。「へそくり」や出来心の「浮気」など絶対に知られたくないものである。パソコンの世の中になり、ワープロの変換ミスに伴う誤字を書くことも往々にある。ひとつの誤字が大きな取り返しのつかない組織の大失敗につながることもある。人の非を責めることの上手な人がいる。そのような人は大抵あまり仕事はできない人というか、しない人が多い。ましてや人の非を匿名で内部告発する者は人間（じんかん）を破壊するもので、もはや人間（にんげん）ではない。人間（じんかん）の構成員としての人間（にんげん）の資格などない。悪行を目的とする組織、暴力団や詐欺集団、強盗集団とかの場合においては、その組織の一員からの内部告発は善である。内部告発者は自分の過去について真剣に悔い改めており、過去の誤りについての社会からの制裁は受けることは覚悟している。正業を目的とする組織においても人間（にんげん）がつくる人間（じんかん）である。その組織の一員が出来心を含め悪意をもって、悪行を働いてしまう場合もある。それをたまたま知った他の一員が内部告発することは善であろう。

しかし、その組織のための善意の行為の中に誤りを侵してしまう場合もある。その誤りをとり償うために、さらに大きな誤りを侵してしまう場合もある。その場合でも内部告発することは、人間（じんかん）を全て断ち切ることになり、その程度にもよるが、善とは言えないのではなかろうか。要は、善意の人間社会集団において内部告発を奨励することは、人と人とを繋ぐ信頼という絆を断ち切ることになり、人間（にんげん）の心を腐敗させる。

日米構造協議のアメリカからの強い要請のもとに強力に推し進められている内部告発奨励政策による日本改造計画は、日本の社会の内部崩壊作戦の中でも最も大きな戦果を揚げているものではなかろうか。外面の形をつぶすのでなく、内面の心を蝕み腐敗させる作戦である。公共事業は人々に幸（さきわひ）をもたらす社会基盤をつくるものである。

安心・安全そして利便社会をつくる目的が公共事業である。安心・安全そして利便社会を作る目的はそこに住む人々（日本人であって、アメリカ人ではない）に幸（さきわひ）をもたらすためのものである。公共事業執行の方法論において、日本の風土文化に深く根ざす建前は競争、実質は奥深い色々な知恵がある。それを理解できず全面否定し・浅はかな・何が何でも・金儲けのためなら人の道を踏みにじる、形式一辺倒のアメリカ式競争原理を推し進めた結果の行きつく末路は日本社会崩壊・沈没の危機ではなかろうか。

七、ダムの名前が消える

⑴ダムの名前が消えてしまった！

私は建設省に奉職し、ダムの名のつく官職を何度か務めさせていただいた。真名川ダム工事事務所、ダム計画官、ダム技術センター、ダム部長等々、ダムの文字はつかないが、河川局開発課等々ダム事業に特化した部署にも何度か所属した。これらの官職は〝コンクリートから人へ〟とか〝ダムによらない治水〟とかの世の風潮に迎合するかのように、どんどん音をたててなくなっていった。これらの部署のOBとしては誠に寂しいかぎりである。

組織・部署・官職名の名前からダムの文字が消えるということはどういうことなのだろうか、考えて見たい。

ダムに関する業務・仕事がなくなる訳ではないが、これまでダムに関し、先人達が知恵を出し獲得してきた文化・技術が継承されなくなっていくことにつながる。

世は情報化社会であり、おびただしい情報が次々つくられ、いかがわしい情報が世界中に蔓延する。部署や官職名からダムの名前がなくなるとともに、将来に継承して行かなければならない土木技術の心も一瞬にして忘れ去られていく。

(2) 部署・官職名とは何か？

河川行政の中でダムに関する業務を扱わなくなった訳ではない。かつての土木研究所のダム部の研究課題は別の名前の官職名の人が所掌するのである。

連続体としての役所の業務の世界にこれまでと違った切れ目を入れて対象を区切り直し、相互に分離することを通じて新たな業務を生成させたのである。連続体を新たに切り直し生まれた、分割体に新たな名前を命名したのである。

命名するということはどういうことか、名づけることによって世界は人間にとっての世界となる。そしてそれぞれの名前を組織化することにより事象を了解する。ある業務について名前を獲ることは、その業務の存在についての認識の獲得、それ自体を意味する。名前を失うことはその業務の存在についての認識を強力に忘却させる。

名前の体系は人間とその物との間に数限りなく繰り返されたであろう試練を含む歴史を背負っているのである。ダムの名前を消去することは、ダムの名前で獲得してきた人間の知恵・文化・技術を強力に抹殺することにつながる。官職名は変えたが、これまで獲得してきた人間の知恵を忘却させることは意図していないとすれば、それ相当なダム技術・ダム文化を継承させる強力な施策・手段を講ずることが不可欠であり、肝要なのである。

(3) ダム技術とは何か

社会基盤施設（インフラ）として橋梁とかトンネルとか、ダムとかがある。橋梁とは空間に桁を架ける施設である。桁を架けるにはいろいろな知恵の結集が必要だ。それが橋梁技術である。トンネルとは地盤の中に連続空間を設ける施設である。そのためには、それを可能にする知恵の結集が不可欠だ。それがトンネル技術である。

ダムとは水を貯めるために河川を堰き止める施設である。それを可能にするためには止水技術等々諸々の知恵の結集が不可欠だ。それがダム技術である。

現在の土木技術とはこれらの各種土木施設毎に特化した知恵の結集と、それら各種土木施設に共通して必要なコンクリート等材料技術や土木施設の将来需要を予測して計画策定するための計画技術等より構成されている。

ダム技術とは広汎な土木技術のうちダムという特殊な構造物だけの技術ではないかという意見がある。ダムを今後建設しないのだからダム技術など研究する必要もないし、これまで蓄積された知恵の結晶など忘却しても、高度化した社会の中では何ら支障もないのではないかと考えられがちである。

そもそもダム技術とは何か、ダム事業に従事すれば天端橋梁があり、仮排水トンネルがあり、各種基礎工事があり、各種プラント設備設計があり、移転付替の地域計画がありということで、全ての土木の工種の設計がある。ダムは〝土木の百貨店〟であり、ダムに従事すれば土木技術が全て体得出来る〝土木の花〟だと言われてきた。一方、寄せ集めたものだから、ダム技術がなくなっても元のパーツの橋梁とかトンネルとかの技術が残っているので、土木技術全体から見れば何も失うものはないのではないかと思われがちである。

ダム技術に従事すれば分かる。ダム技術は土木技術の基本に立ちかえって考えなければならない技術なのである。土木の全ての技術に共通する土木設計哲学が問われる技術なのである。

現在の土木技術はコスト・ベネフィットで評価されるが、ダムのベネフィットとは何か、未だまともに積算出来ていない。どう考えたら良いのか考えさせられてしまう。

土木の施設は構造物の安全率で評価されるが、いろいろな部分を寄せ集めた構造物の安全率とは一体どう考えれば良いのか。部分部分は、部材の安全率をある考えでもって評価されるが、別々の考えのものを寄せ集めて構築されるものの安全率はどう考えれば良いものやら。ダムを構築する場合には、もとの原点の設計哲学に立ちかえって設計しなければならない所が多々ある。例えばダムの基礎の止水技術に関しては、単に止水の効果があれば良いではないかという哲学に立っていないので、ケミカルグラウチング（注入剤に化学製品を使用）は使用しないことになっている。ゲートの主要応力伝達部材の設計にはハイテンボルト（高張力ボルト）は使用しないことになっている。

貯水池の地辷り技術に対しても、すべり土塊が安定化すれば同じではないかという考え方に立っていない。一、切り（切土）、二、盛り（盛土）、三、抜き（水抜き）、四、刺し（杭工）である。同じ安全率でも時間軸安全率の哲学が加味されている。ダムコンクリートでもＪＩＳ規格に適合したコンクリートプラントで製造された生コンなら良いではないかということにはなっていない。現地の原石山から製造された骨材を利用して大粒径骨材や超硬練コンクリートの希求など、そのダムだけの配合仕様を追求されている。

ダム軸やダム基盤設計においても、ダムサイト周辺の徹底的な弱点追及の地質精査に基づき岩着にこだわるダムの座取り設計法が求められている。

最先端技術導入設計よりも国家百年の計のインフラ社会基盤として、どうあらねばならないかを考えて設計哲学を優先する、考えようによっては極めて保守的な頑迷固陋な設計と言えるところがある。私はそれを先端技術設計に対し鈍重技術設計と称している。

鈍重設計の〝こころ〟はダムサイトの地質は千変万化であり、断層あり、破砕帯あり、変質ゾーンあり等々弱点だらけである。それらの弱点一つ一つに対し真摯に向き合い、丁寧に克服して設計されることが求められている。そのためには、これまでに定められた各種技術基準の到達点から出発するのではなく、そのもとの原点に遡って設計の考え方に立ちかえって設計することが求められている。

ダム技術はダムという特殊な構造物のための技術ではない。ダム技術とは土木技術の基本に立ちかえる技術である。原点を見つめるダム技術の考えは、広汎な土木の全ての技術に共通する技術でもある。

ダム技術を亡くすることは土木技術の基本を亡くすることに等しい。

国土交通省の組織・官職名からダムの文字が消えることは、いずれ一瞬にして、全て原点に立ち戻って設計を考えるダムの鈍重設計の哲学がなくなっていくことになる。

国土交通行政はよりグローバル化し、より高度化した社会要請を受け、より多様化した難しい社会インフラを設計していかなければならなくなるであろう。その折、求められるのが、原点に立ちかえる技術である。

(4) 原点に立ちかえる土木設計哲学

アーチダムの計画がなくなれば、アーチダムの設計法が理解できる人が一瞬にして役所側、コンサル側、ゼネコン側からもいなくなる。アーチダムだけでなく新規ダム計画がダムによらない治水とか〝事業仕分け〟とかで次々なくなっていっている。

日本の主要河川には既に巨大ダムが築造され治水・利水の役割を果たしている。日本の都市文明は水系のダムの治水利水の効用なしには成り立たない。

河川にかかわる最大構造物としてのダムの維持管理は継続してやっていかなければならない。大規模補修も必ず必要になってくる。その時は建設時ないし設計時点の技術に遡って修復しなくてはならない。ダム建設の技術論抜きで大規模補修は出来ない。

かつて建設されたダムは遺産として残る。全ての構造物には寿命がある。寿命がくれば大改築することになる。大改築することにより蘇る。ダムの大改築によりダムは千年以上役割を果たす。

何らかの岩盤変状が生じた場合、的確な判断ができる者がいなくなる。官民共の関係者はただオロオロとして見守るだけである。その間に破壊は急速に進み取り返しのつかない状態に至る。

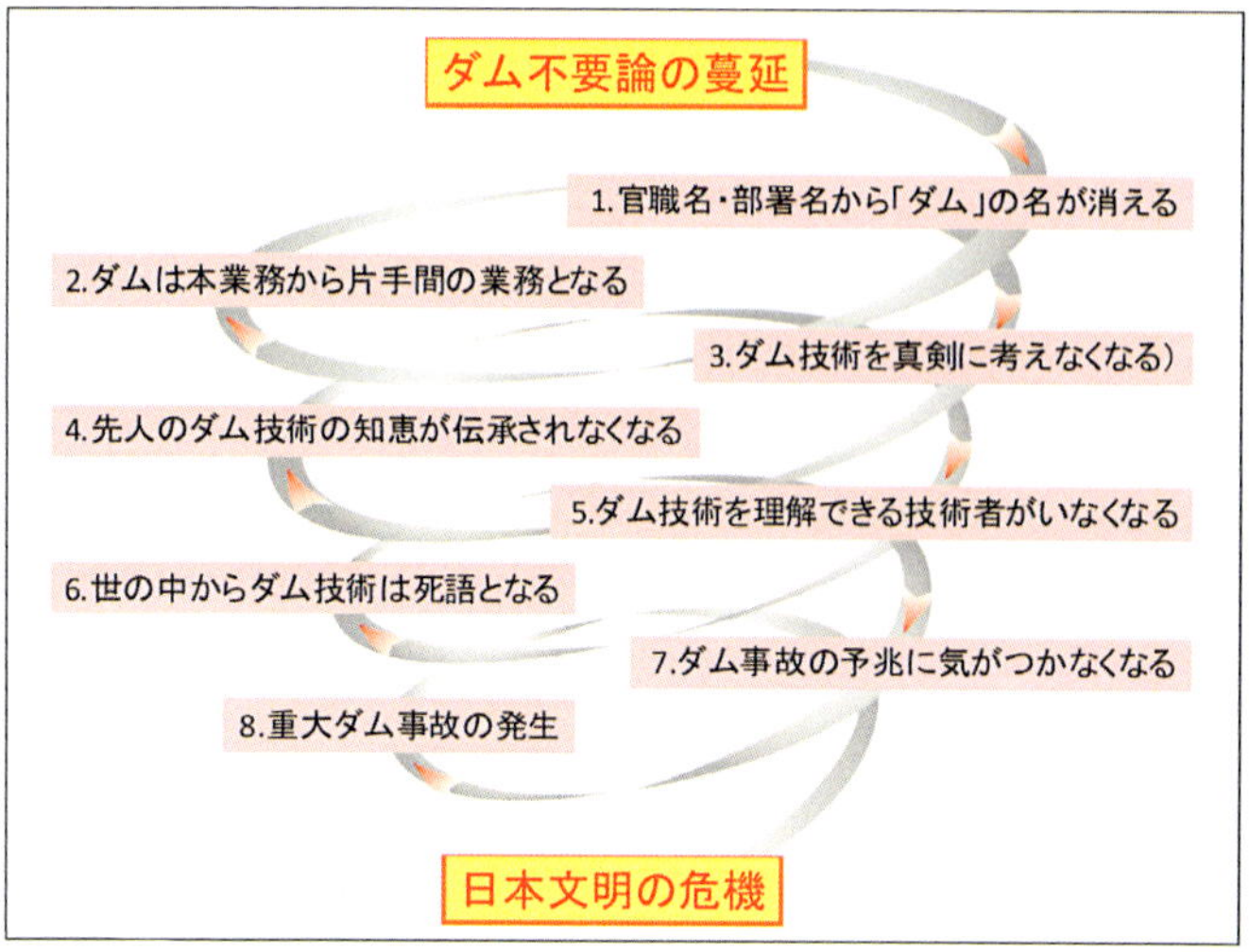
ダム不要論の蔓延
1.官職名・部署名から「ダム」の名が消える
2.ダムは本業務から片手間の業務となる
3.ダム技術を真剣に考えなくなる)
4.先人のダム技術の知恵が伝承されなくなる
5.ダム技術を理解できる技術者がいなくなる
6.世の中からダム技術は死語となる
7.ダム事故の予兆に気がつかなくなる
8.重大ダム事故の発生
日本文明の危機

全ての現象は予兆現象がある。専門家は、わずかな予兆現象でも大きく拡大する現象と、いずれおさまる現象とが分かる。素人の技術者ごときは判断が出来ない。

(5) ダム大事故への負のスパイラル

ダムの文字が組織や官職名から消えるということはダム大事故への負のスパイラル・巨大土木技術のメルトダウンを意味する。

ダムの文字が消えることは、ダムとして見ない、ダムとして考えない、ということはこれまで永年蓄積したダム技術の継承が絶えることになる。

その場合、管理ダム等で生じた問題を他のダムになぞらえて、よく似たものと考えて対応することとなる。

予兆があっても見過ごしてしまう。有効な手段が手遅れになってしまって、シビアアクシデントに進展していずれ取り返しのつかない大事故に陥る。ダム技術のメルトダウンである。

ダム技術のメルトダウンは土木技術全体のメルトダウンに繋がる。

⑹ 天変地異の世紀・巨大水害の危機

阪神淡路大震災・東日本大震災を受け、災害科学の専門家は天変地異の世紀に突入したと見ている。

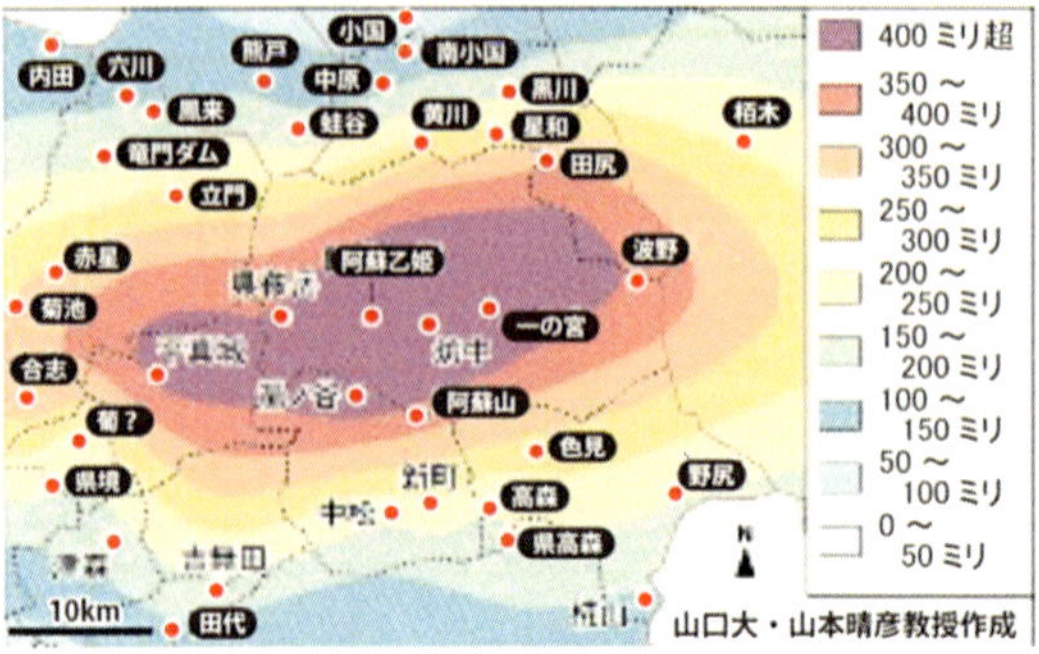

地震や津波だけではない。平成二十三年の紀伊半島大水害や北部九州水害では、千数百mmの連続雨量とか、四時間で約四〇〇mmとか、千年確率クラスの洪水が生起しだした。

〝ダムによらない治水〟などというピンボケとしか言いようのないの認識でよいのであろうか。

河川行政の覚醒が求められている。

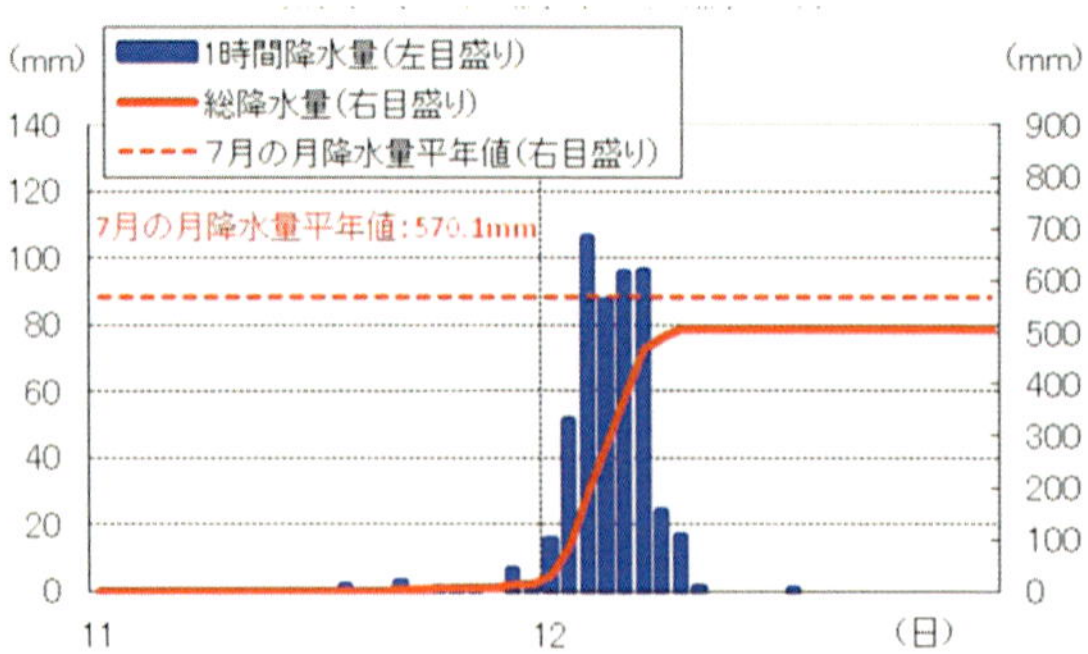

八、ギロチン階段　―欧米コンプレックス―

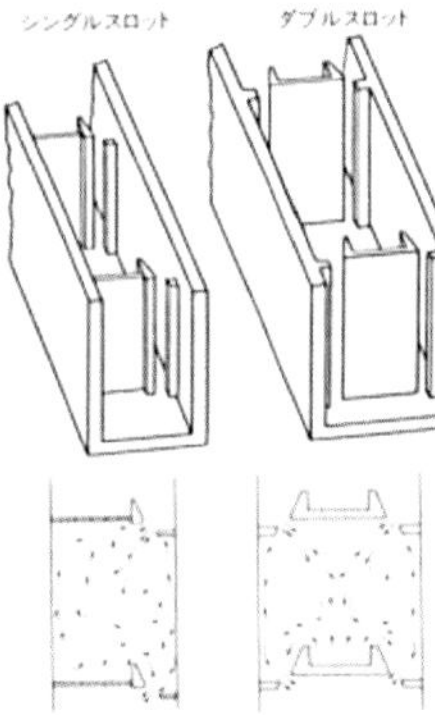

デニール式魚道

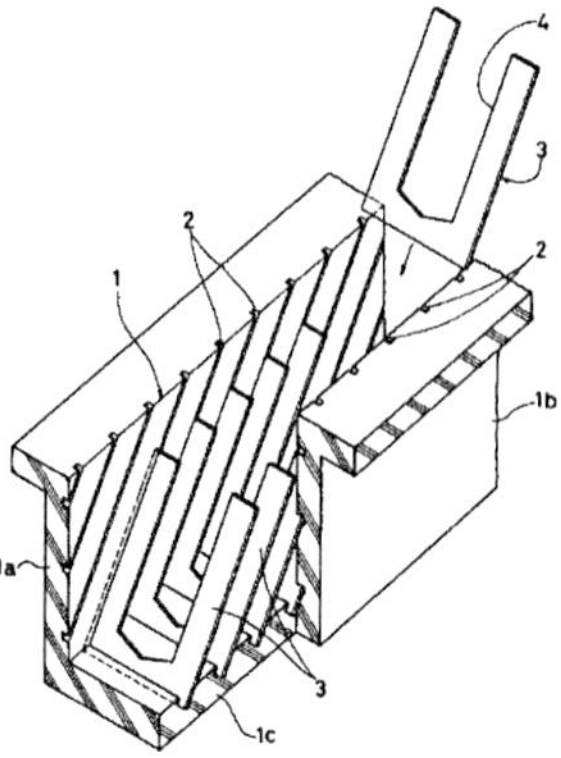

バーチカルスロット魚道

河川を昇り降りする遡河性魚類にとって河川を横断するダムや堰は大きな障害になるので、河川構造物に魚道を設置しようという機運が大きくなった頃、我こそは魚道の専門家だと自称する二人の大学の先生が現れた。一人は淡水魚類を専門とする先生であり、もう一人は土木の河川関係の先生であった。もともと、日本では魚道を研究している専門家はいなかった。一番近そうなことを研究していたのは鮭や鱒等の孵化場の水産関係の人がいた程度だった。こういう時に常に話が上がるのが、諸外国では魚道はどうなっているのかという議論になる。欧米では大規模な魚道施設が建設されていた。すると、日本は遅れている、欧米の先進技術を取り入れろ、とけたたましい論がマスコミを賑わす。二人の先生は早速、欧米にあって日本にないエレベーター魚道とデニール式魚道、そしてバーチカルスロット式魚道が最新魚道だ、それを取り入れろと主張しだした。物理や化学に関する世界では日本では考えていないものが欧米で考えられていれば欧米の研究が進んでおり、それらをまず学ばなければならないだろう。しかし生態系に関する研究ではそうはならない。特に魚道というものは対象とする魚が欧米では鮭や鱒の数年サイクルの大型魚であり、日本では一年サイクルの小さい鮎である。又、河川の条件が欧米では流量変化が小さい流量の大きい大河である。日本は流量変化が大きく河底勾配の大きな滝のような河川である。私は欧米にあるエレベーター式魚道が進んでいるのではない。日本では欧米より早く、鮭鱒より条件の難しい鮎を対象としたエレベーター魚道を開発しており、日本の方がはるかに進んでいたことを発表し、日本ではエレベーター魚道よりはるかに効率の良い鮎の孵化場システムに変わってきたことを述べ、欧米のものまねをしてもダメであると論を張った。その結果、日本で欧米のものまねのエレベーター魚道を設置することはなかった。しかしデニール式魚道とバーチカルスロットについては、魚道の第一人者と自称する二人の先生の混迷度は深刻なものであった。土木系の先生は、デ

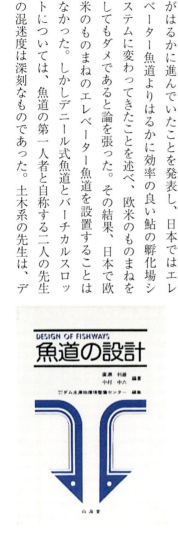

ニール式魚道とバーチカルスロット式魚道が最新の魚道であるとして、『最新魚道…』というようなタイトルの本を著わし、日本各地の河川にそれらの技術を普及する活動で飛び回っておられた。もう一人の淡水魚を専門とする先生は大学に縦横二《メートル》以上の断面の極めて大きなデニール式の鋼製実験水路を設置して鮎類の遡上実験をやっておられた。私も是非一度見てくれと言われて大学に設置されたデニール魚道を見せてもらったことがある。両先生のデニール式魚道の称賛の論は、①デニール式は小さい流速から大きい流速まで直線的な流速分布が出来るので遊泳力の小さい魚から遊泳力の大きな魚まで全ての魚類が遡上出来る。実に素晴らしい最新魚道である。②バーチカルスロット式も欧米の魚道の中心であり、日本にはない。これこそが最新先端技術の魚道である。両先生共、欧米コンプレックスの塊である。デニール式魚道というものは鮭・鱒のある大きさのものだけが遡上しやすい魚道であるということが理

小牧・祖山堰堤エレベーター式魚道と先進事例との比較

堰堤名		Condit	Baker	小牧	祖山
堰堤の完成年		1913	1925	1929	1929
場所	国 州、県 近郊都市	米国 Washington Underwood	米国 Washington Concrebe	日本 富山県 庄川町	日本 富山県 庄川町
河川名		White Salmon	Baker	庄川	庄川
堰堤の完成年高さ（m）		38	88	79.2	73.2
魚道の型式		単式インクライン エレベーター	単式インクライン エレベーター	複式インクライン エレベーター	複式インクライン エレベーター
魚道の型式	エレベーター部の落差 導流部高さ		180 呎（55m） 50 呎（15m）	210 呎（64m） 8 呎（2.4m）	推定 58m
対象の魚		鮭（採卵）	鮭（採卵）	鮎・鱒・雑魚	鮎・鱒・雑魚
籠の特徴		無水	無水	上部 竹簀 下部 貯槽	上部 竹簀 下部 貯槽
現状				撤去	撤去

解できていないようである。要は、産卵直前の鮭鱒だけを選別して魚道を遡上させて、その先で腹を裂いて採卵させて、人工孵化させるための装置であることの理解がない。要は、デニール式魚道はギロチン階段であることを理解していないということである。日本の学者の欧米コンプレックスは相当なものである。

九、遺伝子の変化と人々の願望　――フラフープ・ツイッギーと久米の仙人――

かつて、ミス日本とかミスワールドというものがはじめられた頃、美人のスタイルとして八頭身ということがもてはやされた。八頭身など日本人にはいない。日本人の美人の尺度には合わないと思った。又、記憶が不確かだが、フラフープというものが爆発的に流行したことがある。その時期にイギリスからツイッギーという脚が細い女性が日本にやってきて話題になったことがある。日本人の女性にはツイッギーのような細い脚の女性などいなかった。

最近は、身長も伸び八頭身に近い女性もよく見受けられるようになった。又、ツイッギーほどではないが脚の細い女性が多くなったように思う。最近の流行でミニスカートやミニパンツで細い素足を露出して颯爽と街中を闊歩している。明らかに女性の体形が変わってきたと思う。遺伝子が変化（これは進化というのか疑問だが）してきたと言うことなのだろうか？

かつて日本人の体形として身長が低く、座高が高いのが特徴といわれたが、明らかに変わってきた。男性も女性も身長が高くなり、座高も欧米人並みになってきた。食習慣や椅子、テーブル等の生活習慣の変化がその主な原因だと言われてきた。しかし、脚の細い女性の急増？　は食習慣や生活習慣とは余り関係がないように思える。そうすると、遺伝子の変化は人々の願望や思いによって、それに応えるように変化していくのではないかと思えてくる。

私の小学校時代の仲の良かった同級生のT君はそれほど背が高い方ではなかったが、背が高くなりたいと高校時代にバスケットボール部に入ったらどんどん背が高くなっていった。反対に私などはもともと背も低かったが､背が高くなりたいなど思ったことがなかった。その結果なのか、いまだに背が低い。あまり成長しなかった。人間の遺伝子は人間の思い願望に応えるように変化していくのではなかろうか、私にはそのように思えてならない。

ところで、かつて奈良の河原で早乙女達が脚を露わにして水遊びをしている光景を空中を飛行していた久米の仙人が見て、空中を飛行出来る超能力を喪失して、地上に落下したという伝説がある。

日本の歴史を顧みると、各時代にそれぞれに大変な偉人が続出していた。まさに超能力者ではないかという活躍ぶりである。終戦後、そのような超能力のある偉人と思える人はあまり出ているように思えない。ましてや我が国はかつて経験したことのないような天変地異が続発し、まさにこれまでにない大国難に次々遭遇しているが、それらを救う救国の大英雄は一向に出てくる気配が感じられない。日本の命運の舵を取るリーダー達は超能力を喪失し、日に日に変わる浮草のようなマスコミがつくる世論に振り回されている小者ばかりになってしまった感がする。若き女性の脚や脛の露出を見て、久米の仙人と同様にリーダーとしての素養、能力を失ってしまったのではなかろうか。

第二章　気になる用語

一、変な造語がもてはやされる変な時代『脱』とか『活』がなぜもてはやされるのか

(1) 何とも浅はかな時代になってしまった

最近気になって仕方がない二つの漢字をもてあそぶ風潮がある。

一つは「脱」である。「脱ダム」「脱官僚」「脱派閥」「脱原子力」等々である。脱のあとにくるものは現在の世の中で一番お世話になっている、なくてはならないものばかりである。世界一平和な日本、ものづくり世界一を支えているものばかりである。世界一素晴らしい日本文明の立役者ばかりである。それらに国民あげて感謝しなければならないものばかりである。それらのほんのわずかな否をことさら大きくとりあげて大騒ぎをして、それらにお世話になるなとマスコミが面白おかしくキャンペーンをする。マスコミにちやほやもてはやされることで人気をとりたい政治家や学者があらわれる。脱ダムを提唱しだした元長野県知事・田中康夫が、知事という仕事は一瞬にして風向きが変わる、世の風潮に合わせて行わなければならない人気役者的な業務だと言っていた。旧維新の会の大阪の橋下市長も同じような趣旨のことをよく言っていた。知事とか市長は多くの県民や市民の幸せのために行う非常に幅広い行政の責任者である。行政とはマスコミがつくる風向きによって左右されるものではない。県民や市民等の幸せのための行政とはもっと地味なものであると思う。

より良い子供を育てる教育とは、子供に向き合う教師の熱情と、子供の成長を願い向き合う愛情と姿勢の問題である。風向きによって変わるものではない。自然災害から安心安全国な土形成を目指す治山治水とは、〝ダムか堤防〟がというような浅はかな価値判断で決めるものではない。特にダムは河川全川で築造可能なところは極めて限られている。水系全体の治水計画においてダム築造可能なところはまずダムをつくって、それで不十分なので堤防をつくる。ダムと堤防も共に必要なのである。治山・治水とは国家百年の計で地道にコツコツ形成していくものなのである。突然政権が変わったから見直して必要がなくなるものではない。ダムか堤防かコストベネフィットで決めるという。泣いている子供を黙らせるのにあめ玉が良いかお菓子が良いかを選択するような感覚で言っている。何と浅はかな世の中になったものか。実に嘆かわしい。

もう一つ気になる言葉に「婚活」とか「就活」「妊活」とか「終活」とか変な造語がもてはやされてきている。人生の流れ、日々の地味な生活の流れの中で、時期が訪れれば自然とそうなっていくようなものではなかったのか。

現在、丁か半か、ＹｅｓかＮｏかの二項対立、二者選択の時代になってしまった。取り立ててそれを目標に掲げた活動をしなければならない変な時代になってしまったと感じる。世の中の病根がいかに深刻になってしまったかと思う。

最近「離活」という用語がもてはやされている。離婚するための活動を離活というらしい。平成二十四年度、婚姻数が約六十七万組、離婚は約二十四万組だそうである。婚姻とか就職とか妊娠は願望である。その願望実現のための活動は、まだ理解できる。人生の終活である死も必ず迎えなければならないものである。その人生の終結に向けて、自分自身も幸せな人生だったと思えて死にたい。人に迷惑かけて死にたくない。そのような願望の実現のための活動だという。なるほど、「終活」もなんとなく理解できなくはない。しかし、離活は皆が必ず来る人生の終結でもない。離婚などせずに幸せな夫婦としていたいとの願望なら分かる。離活は離婚するための活動だ。変な活動があったものである。離婚を新たな幸せへの第一歩とするための活動だということらしい。将来の子供の養育費や生活費などで悩みが深刻で離婚を決断できずにいる人が非常に多いという。離婚は情報を入手するだけではなく、預金通帳や保険、株式といった夫婦間の共有財産の把握は当然として、不倫行為の証拠としてのドメスティックバイオレンス（ＤＶ）の証拠としての録音や診断書、携帯電話の記録を撮影しておく等、きめ細かい相談を支援するという。「○活」という変な活動がどんどん必要になってきているらしい。変な造語がもてはやされる変な時代になったものだ。

(2)「活」とは何か

「活眼」は眼力のこと。「活転」は蘇生のこと。「活気」は生気のこと。「活套」は慣用法のこと。「活況」は活気のある状況のこと。「活剥」は不遠慮のこと。「活孔」は抜け穴のこと。「活変」は方便のこと。「活殺」は生殺のこと。「活産」は動産のこと。「活法」は活用法のこと。「活如」はいきいきとしたさまのこと。「活門」は逃げ道のこと。「活身」は保身のこと。「活人」は医術のこと。「活水」は流水のこと。「活脱」は生き写しのこと。

「活」の「活孔」「活門」「活身」「活変」等の用語を見ると、人生の浮世を渡るあまり良くない意味の処世術を説いているように思えてくる。そうなると、仏教では「活」をどうとらえているのか気になって来る。

〈仏教〉では、

・「活命」生活のこと、生存すること、命をつなぐこと。・「活套」（かっとう）自由自在に用いること。・「活奪」自由自在に用いること。・「活」⇩解脱のこと・「活句」生かして用いる語句。語句について学びながらしかもその語句にとらわれることことがなく、語句の真精神を体得することが重視される。

・「活計」①生活いとなみ暮らし向き、努力、修行②享楽生活のいとなみ③生活のいとなみ。・「活門」解脱門。・「活作略」。適切な言動。・「活地獄」生きたままうける地獄にいるような苦しみ。・「活祖意」生き生きとした祖師の真意。・「活祖手段」仏祖の真精神を生かすような師家のすぐれた指導方法を言う。・「活兒子」（かつにし）菩提樹のこと。釈尊がこの木の下で悟りを開いたことからなのか？・「活道沙門」。四沙門。「活溌溌」魚が勢いよくはねるさま、いきたる心地、解脱の心地なり。・「活埋坑」（かつまいきょう）雲水が新たに修行に来たならば、それを試してみて、もし志がほんものでないと見た場合に、僧堂の前の穴の中に突き落とし生き埋めにすること。曹洞宗の通幻寂霊（一三二二〜一三九二）が行った。仏教の修行にも何と恐ろしいことが行われたのだ。

活の元字は涽で氏と口よりなる。氏は劂の形で刮るもの。

口はᗜで祝禱の器である。

氏は祝禱の器であるᗜに刮刀を加えて、これを刮り害しその呪能をとどめるもので、害と同じ意象の字である。活、刮、話、聒（かまびすしい）などに含まれる舌はみな刮り害する意の舌の形である。

「話」とは悪意のある語のことで、譌（訛）言というのと同じで、人の話には信ずべきものはない。「話」とは話せば分かる、非常に善意の言葉だと思っていた。そうではないことを知った。意外である。

活とは祝禱の器に曲刀を加えて呪能を殺ぐ呪儀である。

自己に対する呪詛をこの方法で無効ならしめるときは自らを活かすこととなる。

人間はいろいろ縛られて、雁字搦めになっていて、自分を活かすことが出来ない死んだ状態になっている。その縛られている綱を切れば活きてくると見ている。

(3)「脱」とは何か

〔1〕①（ぬぐ、ぬげる）身につけている物を体から取り離す。脱衣、脱帽（敬意、降伏）、脱剣、脱屣（ダッシ、草履を脱ぎ捨てる、事を軽視し惜しげもなく捨てることのたとえ）、脱躧（ダッシ、脱屣に同じ）②（ぬける、もれる）ぬけ落ちる。離脱、脱脂、脱臼、脱線、③（ぬかす、落とす）脱字、脱易（軽率なこと）、脱謬（脱落と誤謬）、脱簡（ページが脱落していること）、脱文（あるべき文句が抜け落ちていること）、脱臭、脱漏、脱落、脱誤④（まぬかれる、ぬけ出す、

逃れる）脱税、脱兎（逃げ出すうさぎ、すばやいたとえ）、脱獄、脱走、脱却、脱出、脱藩、脱会、脱法、脱稿、脱去⑤（やせる、肉がおちる）脱疽（壊疽）⑥（おろそか、てかる、投げやり）疎略、脱略（いいかげんにする、軽んじておろそかにする）⑦（もし、かりに）

〔2〕殻から抜け出た虫の姿の美しいさま。脱化（殻から抜け出して形を変える）、脱俗、脱皮、脱殻

〔3〕脱脱（タイタイ）ゆるやかなさま。またよろこぶ。脱然（さっぱりしたさま、病気が治るさま、のんびりしたさま）〈仏教〉では「脱」

「脱」①けがれを離れた人。離染の者。解脱ともいう。

・「脱空」①空虚で実のないこと②人形。・「脱殻」凡夫が煩悩妄想の束縛から解脱するのを蝉が外殻から抜け出るのにたとえた語。・「脱酒」煩悩・妄想のけがれを脱し、ものにとらわれぬ心境。・「脱體」①ありのまま②全体に同じ③解脱のこと④全身全霊をあげること。・「脱體現成」ありのままな（脱体）一切のすがたがそのままで仏になりきって（現成）いるということ。・「脱益」だつやく　解脱の利益。・「脱底桶」だっていつう。底の抜けた桶のこと。頑冥無知をいう。・「脱人」解脱を求める人。・「脱皮浄」戒律で皮のある果実を皮をむいて食べれば罪がないという。・「脱落」とらわれがなくなること、束縛がなくなること。

・「遺脱」抜けること、漏れ落ちること。・「得脱」仏語、生死の苦界から脱して菩提に向かうこと。・「潜脱」禁止している場合、禁止されている手段以外の手段を用いて結果を得て、法の規制を免れること。

脱は「月」と「八」と「兄」からなる。

兄は口と人よりなる。

口は𠙵（さい）で神に祝る祝詞を収める器である。兄はこれを戴いて神に祀る人をあらわす。

兄長が家の祭事を掌るものであったからである。斉では長女を巫児といい、他に嫁することがなく終生家廟につかれた。一般には季女が巫児となることが多い。

兌は八と兄とからなる
兌は祝禱して神に祈るうちに神気が髣髴としてあらわれてくる状態を示す。巫祝（ふしゅく）はその時、我を失った状態となり、神気が乗り移ったりするのである。その状態を脱といい、その忘我の状態を悦という。脱とは巫祝がエクスタシーの状態にあって意識を失う意で、心に脱するさまである。肉を消らして臞（や）するなり、肉の消えるのを脱といい、心の脱するのを悦という。

現在、脱の使われ方を見てみよう。

「脱ダム」「脱原発」「脱派閥」「脱法」これらは現在文明を支えている一番大切なものばかりで感謝しなければならないものばかりであ

よからぬ意図が見え隠れする『活』と『脱』

活

活孔（抜け道）
活門（逃げ道）
活変（方便）
活身（保身）

脱

意識を失った状態
神気が乗り移った
状態で肉体が消え
ていく状態

る。それらを不必要なものとして切り捨てることにより我を忘れて、意識を失ってエクスタシーで肉体が消えていく状態である。もう少し素直に言えば、気が狂って身が滅亡する状態だと言うことのようである。

二、真書と偽書

(1) 歴史認識共有の幻想

○歴史認識共有の幻想

史実は一つだという。確かに何年何月何日、どこそこで死者をともなう悲惨な事故ないしは事件があったという史実は一つかも知れない。

しかし、それを書き留めた歴史は一つではない。

書き留める人の主観が入る。書き留める人により主観が異なる。ましてや何年何月何日、A国とB国が戦争状態になり、何年何月何日に戦争が終結し、Aが勝ち、Bが敗けたという、この史実はひとつではないかという。果たしてそうだろうか。

歴史の流れの中である日、突然戦争状態になったということはない。長いいろいろな利害関係のいざこざ紛争があってのことである。利害関係の紛争は関係者の一方が勝者となり、一方が敗者となる。

勝てば官軍・敗ければ賊軍という。勝った側が自分達の都合の良い大義名分をつくる。敗けた側の大義は抹殺される。焚書坑儒という言葉がある。焚書坑儒ということは、何も古代中国の秦の国の古い話だけではない。

敗戦後マッカーサーのGHQによる日本人の精神的風土破壊計画のもとで教育勅語に類するものは徹底的に焚書が行なわれた。GHQに反する意見を持つものは徹底的に弾圧された。

戦争状況下においても一般市民を無差別に殺戮することや大量破壊兵器の使用は国際法上禁止されている。

広島や長崎の原爆投下や全国の主要都市への大空襲は一般市民を無差別に殺戮する大量破壊兵器の使用そのものであり、国際法上禁止されていることである。これについて日本の学者やマスコミで論を主張し、展開されている人は皆無に近いように思える。

勝者と敗者では戦争に対する歴史認識は全く異なるものとなる。勝者は戦争に勝って、何もかも良かったと思うだろうし、敗者は親兄弟や大切な家や財産を全て亡くしてしまい、人に言えない悔しい思いをしている。歴史認識など共有できる訳がない。

○歴史は歴史認識の相違の数だけ違う歴史がある。歴史はひとつではない。

○勝った者は自分の都合の良いように歴史を編纂することが出来る。敗者は歴史書という書物を残せないので伝説という形で後世に伝えてきた。

○歴史書よりも、民話・伝説・神話の中に秘められた歴史の方がより真に価値高い誇りうる日本の素晴らしい歴史を伝えている場合が多い。

ロシアの少数民族であるチェチェン人はイスラム教徒が多く、徹底的に復讐する精神を先祖から伝えられている。

孫子末代、七代にわたって復讐せよというすさまじい掟があるという。

ロシアの少数民族弾圧政策のもとにチェチェン民族の歴史は消されようとしている。

チェチェン民族とロシア人との歴史認識の共有などありようがない。

中国は南京事件、韓国は慰安婦問題など、史実としては疑問があることを対日本外交の主軸におき、日本からの謝罪をとりつけることを国の最重要政策として躍起になっている。

(2) 東日流外三郡誌《つがるそとさんぐんし》

東日流外三郡誌は、青森県五所川原市在住の和田喜八郎が、自宅を改築中に「天井裏から落ちてきた」古文書として一九七〇年代に登場した。編者は秋田孝季（たかすえ）と和田長三郎吉次（和田喜八郎の祖先と称される人物）とされ、数百冊にのぼるとされるその膨大な文書は、古代の津軽地方には大和朝廷から弾圧された民族の文明が栄えていた、という内容で、有名な遮光器土偶の姿をした「荒覇吐（アラハバキ）」神も登場する。

同書によれば、十三湊は、安東氏政権（安東国）が蝦夷地（津軽・北海道・樺太など）に存在していた時の事実上の首都と捉えられ、満洲や中国・朝鮮・欧州・アラビア・東南アジアとの貿易で栄え、欧州人向けのカトリック教会があり、中国人・インド人・アラビア人・欧州人などが多数の異人館を営んでいたとされる。しかし、一三四〇年（南朝：興国元年、北朝：暦応三年）

または一三四一年（南朝：興国二年、北朝：暦応四年）の大津波によって十三湊は壊滅的な被害を受け、安東氏政権は崩壊したという。

(3) 真偽論争

東日流外三郡誌は偽書だとそれを証明する事実が次々出てきた。

○近代学術用語である光年、冥王星、準星など20世紀に入ってからの天文学用語が登場する○文章中にあらわれる言葉遣いの新しさ○発見状況の不自然さ○古文書の筆跡が和田喜八郎のものと完全に一致する○他人の論文を盗用した内容が含まれている○考古学的調査・十三湊の発掘調査で津波の痕跡は確認されていない○一九九九年（平成十一年）和田喜八郎死去後和田家は偽書派により綿密な調査がなされた結果、古文書を隠すスペースなど存在せず、建物内から原本はどこからも発見されなかった。逆に紙を古紙に偽造する薬剤として使われたと思われる液体が発見された。

(4) 偽書の証明

東日流外三郡誌は偽書だとする本が次々出版された。

○斉藤光政『偽書「東日流外三郡誌」事件』新人物往来社、二〇〇六年一一月。ISBN 4－404－03436－9

○『だまされるな東北人　『東日流外三郡誌』をめぐって』千坂嵃峰　責任編集、本の森、

一九九八年七月。ISBN 4－938965－09－7

○原田実『幻想の津軽王国 『東日流外三郡誌』の迷宮』批評社、一九九五年五月。ISBN 4-8265－0189－7 原田実（真書派から偽書派に転向する）

○原田実『幻想の荒覇吐（アラハバキ）秘史 『東日流外三郡誌』の泥濘』批評社、一九九九年三月。ISBN 4-8265－0271－0

○原正寿・原田実・安本美典『日本史が危ない！ 偽書『東日流外三郡誌』の正体』全貌社、一九九九年九月。ISBN 4－7938－0155－2 安本美典：心理学者・日本史研究家

○『津軽発『東日流外三郡誌』騒動 東北人が解く偽書問題の真相』原田実 編、三上強二監修、批評社、二〇〇〇年十二月。ISBN 4-8265－0320－2

○『徹底検証古史古伝と偽書の謎 「偽り」と「謎」が織りなす闇の歴史を暴く！』別冊歴史読本編集部 編、新人物往来社〈別冊歴史読本 第29巻 9号〉、二〇〇四年三月。ISBN 4－404－03077－0

○『東日流外三郡誌「偽書」の証明』安本美典 編、広済堂出版、一九九四年1月。ISBN 4-331－50428－X

⑸ 真書派・擁護派

一方で、東日流外三郡誌を擁護する著名人も何人も出てきた。主要な方を挙げると、

○古田武彦 日本思想学者・古代史研究家 親鸞等中世思想史 ○北村泰一 九州大学名誉

教授　南極越冬隊員　○笠谷和比古　京都大学文学博士　国際日本文化研究センター教授　寛政原本の鑑定　○平野貞夫（元）参議院議員　○吉原賢二　東北大学名誉教授　化学史の研究　○中小路駿逸　○古賀達也　○水野孝夫　○棟上寅七　○竹下義朗　日本の保守的歴史評論家　○福永伸三　○大下隆司　○佐々木広堂　○日野智貴　○前田準　○上岡龍太郎（元）漫才師　タレント　○飛鳥昭雄　小説家　漫画家　○高橋良典　○内倉武久　○松重楊江　○久慈力　○竹内侑子　○西村俊一　映画製作者　テレビプロデューサー　東京学芸大学　○佐治芳彦　○上城誠　○合田洋一　○高橋克彦　小説家「炎立つ」NHK大河ドラマ『竜の柩』

(6) 真書と偽書

そこで、真書とか偽書とかは何かをもう一度原点に立ち返り考えてみたい。

〈真書とは〉

○漢字を楷書で書くこと。その書体　○真実を記した文書・書物とある。

〈偽書とは〉

○製作者や製作時期などの由来が偽られている文書・書物のこと、とある。主として歴史学において（つまりはその文献の史的側面が問題とされる場合）用いられる語

○単に内容に虚偽を含むだけの文書は偽書とは言わない　○著者を偽ったり、有名な書籍に似せたもの　○著作、制作の目的は有名な人物の名によって著作の権威を高め、または自己の立場や主張を強化するために行ったもの

(7) 正史とは

一方、歴史書で正史というものがある。

〈正史とは〉

○国家によって公式に編纂された歴史書。実際には事実と異なることも記載されている。○正史とは一つの王朝が滅びた後、次代の王朝に仕える人々によって著されるため。

〈日本の正史とは〉

日本では七世紀前半にまとめられた「帝紀」「旧辞」が国家による歴史書編纂の始まりである。その後、漢文による正史の体裁で八世紀前半に編年体で『日本書紀』が成立した。それ以後続けて編年体の正史が作られたが、続日本紀以後は、編年体を基本としながらも人物の薨去記事に簡単な伝記を付載する「国史体」とよばれる独自のスタイルが確立した。これらは六国史と呼ばれているが、九〇一年に撰された『日本三代実録』(八五八年から八八七年までの三〇年間の歴史書)を最後に、朝廷による正史編纂事業は行われても完成をみることはなくなった。

正史として「六国史」がある。六国史とは、

○日本書紀○続日本紀○日本後紀○続日本後紀○日本文徳天皇実録○日本三代実録○新国史(続三代実録)…未完

日本の正史以外の重要な歴史書として

○古事記－『日本書紀』に先んじると序文に謳われている史書。○本朝世紀－鳥羽上皇が六国

史を継ぐ国史として作らせた史書。未完。○吾妻鏡－鎌倉幕府の編年体・日記体裁の史書。○本朝通鑑－林家が編纂した江戸幕府による編年体史書。○大日本史－水戸藩で編纂された紀伝体史書。○大日本史料－帝国大学文科大学史料編纂掛（東京大学史料編纂所）により編纂が続けられており、六国史以降の史料をまとめている。これらは正史ではない。

(8) 仏教の経典はほとんどが偽書である

仏教の経典について言えば、冒頭で「このように私は聞いた」（如是我聞）と述べ、釈迦の説法を聞き写したという体裁をとるのがしきたりで、その内容は仏説であるという。「仏説」を紀元前五世紀ごろの釈迦が話したことを直接の弟子が書き取ったものと定義するならば、そのようなものは現存しない。『阿含経』などもっとも古いと思われるものでも早くて紀元前四世紀、それから長い時間をかけて、徐々に結集として編集されたものと考えられている。『般若経』など大乗仏典は紀元前後から三世紀ごろの成立であり、釈迦の時代から大きく離れているため仏説ではない。

法華経、法句経、阿含経、般若経、維摩経、涅槃経、華厳経、法華三部経、浄土三部経（観無量寿経はサンスクリット原典が存在せず）これらも全て偽書ということである。

古代中国関連・『中国偽書綜考』で偽書とされているものとして、『周易』、『尚書』、『詩経』、『周礼』、『礼記』、『春秋左氏伝』（春秋公羊伝・春秋穀梁伝）、『論語』、『孟子』、『墨子』、『韓非子』、『山海経』、『孫子』『孔子家語』がある。

○中国の四書五経と言われている名著は全て偽書ということである。

(9)『古事記』と『日本書紀』

○『古事記』

日本最古の史書は正史である『続日本紀』に記録がないことや写本の伝存状況、成立過程を記した序文の不備などから偽書と疑う　大和岩雄『古事記成立考』、大島隼人『古事記成立論』らがいる。

○最古の正史『日本書紀』は朝廷による支配の正当化という目的に沿った潤色が多く加えられている。この結果様々な記述に関し虚実が混じっている。書紀は文書成立の来歴に虚偽が加えられているわけではないので偽書と呼ばれることはない。しかし、その中に引用されている史料、十七条憲法等は潤色のレベルを越えて、史料そのものを後代の偽書ではないかと疑う研究者もいる。大化の改新前後は漢文での文法ミスが多いことから改ざんの可能性が指摘されている。

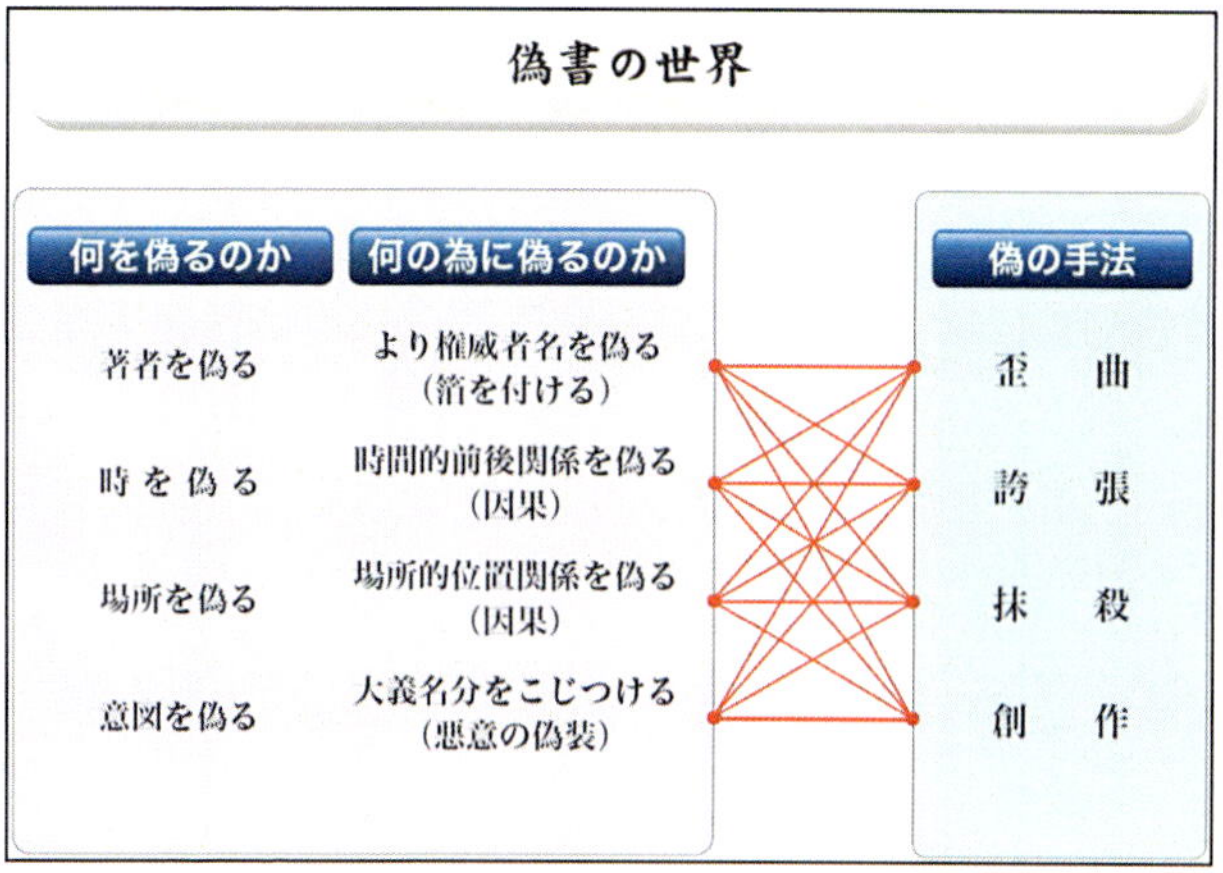

⑽ 偽書と正書の構造

◎偽書とは何か。偽書の内容は次の四つになる。

①箔をつけるため、より権威者名を偽る。（著者を偽る）

②因果関係・時間的前後関係を偽る。（時を偽る）

③場所的位置関係を偽る。（場所を偽る）

④大義名分をこじつける。悪意の偽装。（意図を偽る）

偽る方法は①歪曲 ②誇張 ③抹殺 ④贋作

偽書と正書

私共は偽書と云えば記述されている内容が虚偽であり真実ではない。正しくはないと思ってしまう。そうではないらしい。記述内容が真実かどうかは一切興味がないらしい。偽書か正書かの判断基準は著作過程のみに着目して仕分けている。従って偽書と烙印を押された書でも真実が記されているものがあるということである。正書とされる書の方が虚偽の事が記されているものがあるということである。というより、偽書とされている書の方が真実が書かれている場合が多く、正書とされる書の方が虚偽の場合が多くあるということである。私た

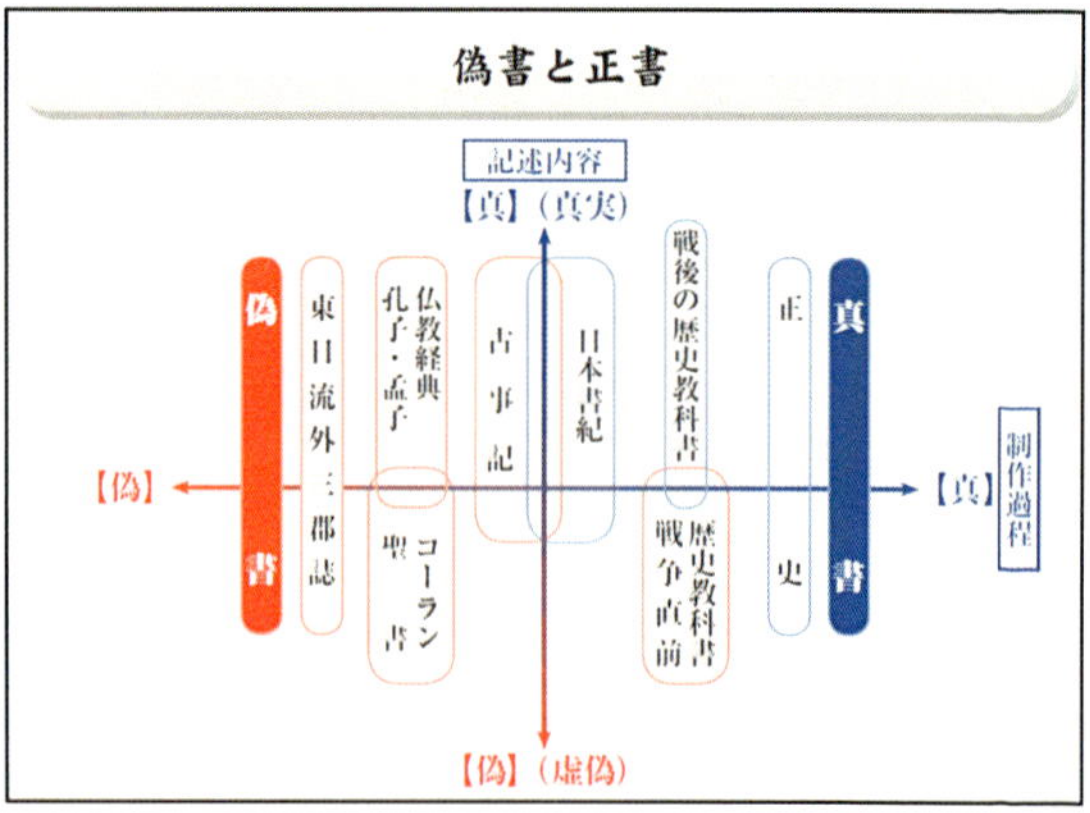

ちは歴史的な真実かどうかを知りたいと思っている。しかし偽書論争の専門家は歴史的真実など一切眼中にないのである。

⑾ 歴史的真実への道

歴史書はそもそも誰か個人か集団かが書いたものである。真実を知っている者が真実を後世に正しく伝えようとの意図で書かれたものが真実のことが書かれた書である。歴史的真実を知っている者などいるのであろうか。当事者は自分たちが正しいと思い込んでいるので勝者側のその立場で歴史書を書く。敗者側の当事者は自分たちの方が正しいと考えているが歴史書を残すことが出来ないので、民話や伝説という手段でしか後世に伝えられない。本当の真実は勝者側にも何%かあるだろうし、敗者側にも何%かあるだろう。勝者でもない、敗者でもない第三者は当事者でないので真実の内容など知る由もない。真実を書き留める人や集団などもともといないのである。偽の原因は真実であることを知らない無知の人か、宗教的、外圧的、国家的、

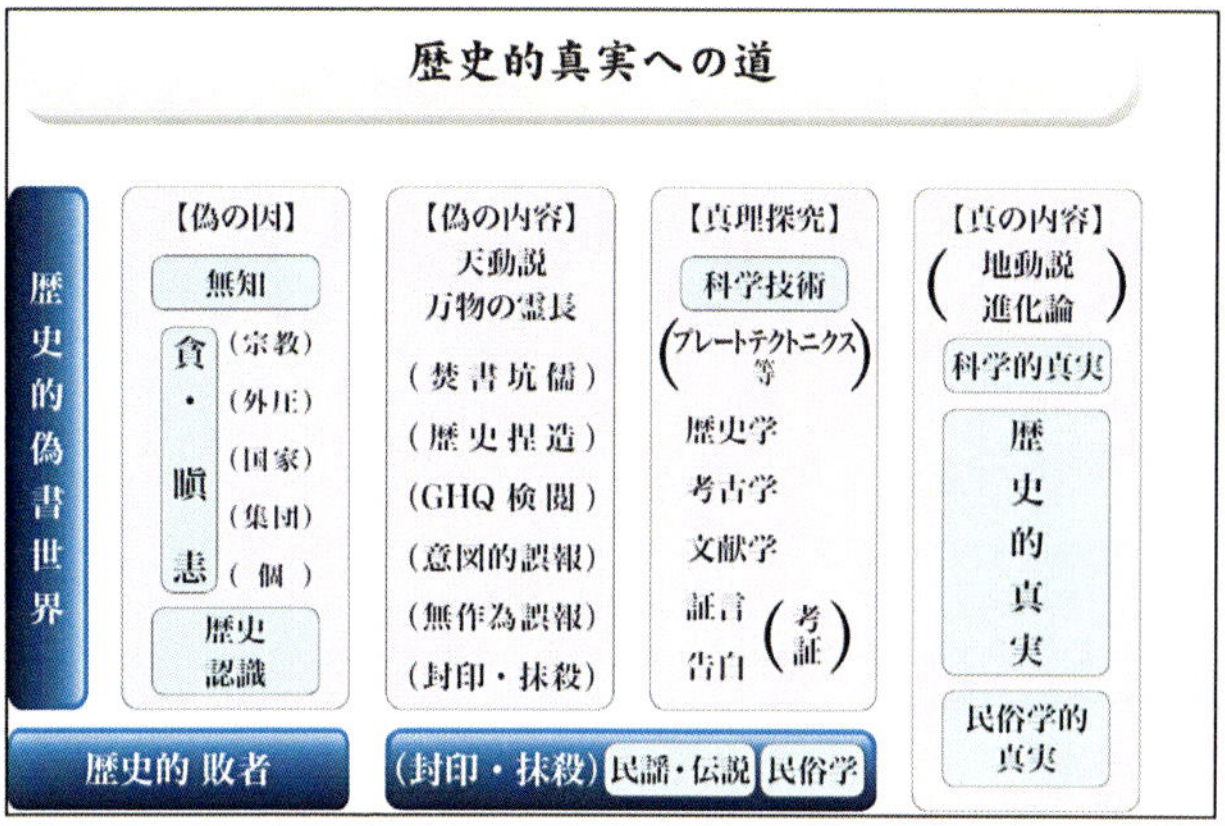

集団的な貪か瞋恚のある意図、歴史認識である。

偽の内容は例えば天動説、万物の霊長等を信じ込んでいることや、貪や瞋恚の強烈な意図のもとの焚書坑儒や歴史的捏造、ＧＨＱの検閲、意図的誤報や無作為の誤報、更には封印や抹殺等々がある。これらの歴史的偽の現実の世界に対して歴史的真実を追い求めるのが科学技術であり歴史学であり考古学であり文献学、証言や告白等考証の世界であり、それらの結果、科学的真実、歴史的真実、民俗学的真実なのである。

⑿ 大和王朝により東北へ追いやられた謎の神・アラハバキ

アラハバキとは何か。「荒覇吐」「荒吐」「荒脛巾」等々とも表記される。
○縄文神話や蝦夷の神話に登場する謎の神様である。その正体は、①蛇神説。蛇を祖霊とする信仰。「ハハ」は蛇の古語（吉野裕子説）②長脛彦を祀ることから「脛巾」の神、脚絆等旅人の神。③製鉄の神。「アラ」は鉄の古語。片目の製鉄神。などではないかとの説がある。
○氷川神社との関係がある。氷川神社は出雲の杵築神社から移った神社。出雲は日本の製鉄発祥の地
○もともとは地主神。後来の神にその地位を奪われ主客転倒して客人神扱いを受けた神。もともとはサエの神・門神（谷川健一説）

高橋克彦『竜の柩』のネタ本

『炎立つ』第三十二作目のＮＨＫ大河ドラマは高橋克彦氏の小説『竜の柩』竜神伝説を追うと

いうテーマでノアの方舟伝説をもとにトルコアララット山に眠る竜の柩を発見し、九鬼たちが龍の謎を追い津軽から始まる旅の物語である。『竜の柩』のネタ本は『東日流外三郡誌』であり、それから多く引用されている。アラハバキや遮光器土器が出てくる『東日流外三郡誌』などの文献を駆使して古代史の盲点と矛盾から「竜」を追うドラマであった。高橋克彦氏は東日流外三郡誌は偽書だとしながらも、内容にはある程度の真実はあると言っている。高橋克彦氏は偽書だと多くの歴史家は言うがその記述の中に真実が多くあることを見抜いているのである。

三、〝ゆたか〟とは

〝ゆたか〟の概念を①大和言葉　②漢字　③英語の三つの言語から概念を比較する。

(1) 大和言葉〝ゆたか〟の概念

「ゆた」…ゆったりと余裕のあるさま。万葉集では心の思いを言う場合がほとんど。
「ゆたけし」…形容詞。「ゆたに」…副詞。「ゆたけき」…海の広い状態を表わす。

(2) 〝ゆたか〟漢字の概念（◎は精神的な「心」に関するもの）

○「阜」大きなおかの意味から転じて、〝大きい〟、〝さかん〟、〝ゆたかな〟の意味を表す。
○「胖」いけにえの半身の肉を表し、肉体がゆたかな意味で、ゆったり肥えふとる意を表す。

◎「愃」心の広いさまを表わす。◎「裕」満ちたりている、不足のないさまをいう。
◎「豊」ゆたかに盛られた、たかつきの意味から、穀物がよく実り、たっぷりしているさま。
「穣」ゆたかに実さま。「饒」食物が十分あるさま。
◎「寛」心がゆったりしていてゆとりがある。
「優」面をつけて舞う人、①多い、②余りある、③手厚い「泰」大きい、広い、ゆるさか。

(3) 〝ゆたか〟英語の概念 ―和英辞典から―

［多くの］Abundant…あり余るほどの。Plentiful…たくさんの。Ample…広大な。Fruitful…よく実を結ぶ、多産の。Handsome…かなりの財産。［富める］rich…金持ちの。wealthy…富裕な。well-off…富裕な。［与えるもの］iberal………①気前のよい②たくさんの③度量が大きい④自由な⑤紳士にふさわしい。generous…①惜しみない②たくさんの③肥えた④濃い。stintless…出し惜しみのない

「ゆたか」の概念を、英語、漢字、大和言葉のちがいを図示して見ると下記のようにまとめられる。

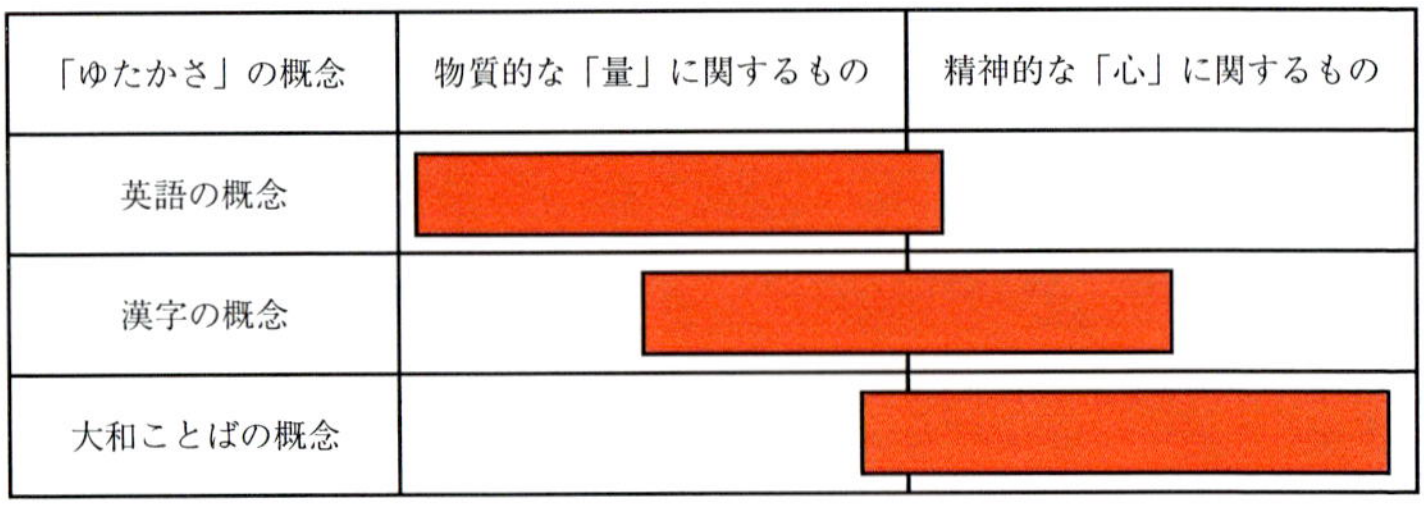

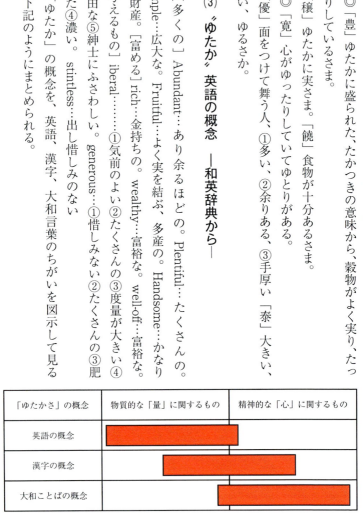

四、〝わざはひ〟とは

(1) マーメイド号の数奇な遭難の記録

一八二九年十月十六日シドニー港を出航。トレス海峡（オーストラリアとニューギニアの間）で嵐に遭い沈没。岩礁につかまっていた乗組員たちは三日後にスイフトシュア号に救助される。その二日後、スイフトシュア号が座礁。マーメイド号とスイフトシュア号の乗組員三十二人は海岸にたどり着いてすぐ、ガバナー・レディ号に発見され救助される。ガバナー・レディ号が船火事を起こし漂流。三隻の乗員六十四人。運良くコメット号が通りがかり、全員を救うも、コメット号が嵐で転覆。海上に投げ出される。郵便船ジュピター号が救助。ジュピター号が座礁。この時点で五隻の遭難者は百二十八人。それをシティ・リーズ号が救助。5度の海難事故で行方不明者はゼロ。

現実の話として、こんな数奇な遭難（わざはひ）の記録があるものだ。ある書物に紹介されていたのでメモをとっておいた。

(2) 〝わざはひ〟とは何か

漢字の【災・禍】を辞書で引くと「不幸なできごと、災難、凶事」「misfortune」「disaster」とある。大和言葉の〝わざはひ〟とは「〝わざ〟＋〝はひ〟」である。「〝わざ〟」とは、神意として深く隠されているものが、そのしるしとしてあらわれるものをいう。

〝わざ〟は神業のような人間の力をこえた何か。禍神（まがつみ）などの業（わざ）。人為的に天の意にそむく業の意を持つ。

「〝はひ〟」とは、「幸（さき）はひ」の「はひ」と同義である。「はひ」とは、その作用として機能することをいう。行動の広がった状態をいう。

「〝わざはひ〟災」は「〝さきはひ〟幸」の反対語ということである。

〝わざはひ〟の古文用例を調べてみると、
○あな〝わざはひ〟や（大鏡）〔あ、困ったことだ〕。○〝わざはひ〟を招くはただこの慢心なり（徒然草）○天のあたふるをとらざればかへ（ッ）て其とがをうく。……かへ（ッ）て其殃（わざはひ）をうく／詞のもたらしやすきは〝わざはひ〟をまねく媒（なかだち）なり。（平家物語）○経〈大方便経か〉ニ日、禍ハ従レ口出テ、病ハ従レ口入（壒嚢抄）。○〝わざはひ〟はしもからおこる／〝わざはひ〟もさいわいのはしとなる（毛吹草）。○災即に身に迫りて俄（にわか）に神仏に祈る（浮世物語）○徳が備わってあるから災をはらふ（浮世床）。○禍災もさんねんおけばようにたつ（諺）。○禍災がくちからおこる（諺）。○口はこれ禍の門（金句集）

①〝さい〟とは何か

漢字の『幸』とは㚔と書く。「夭」と「屰」の会意文字。「夭」は早死、「屰」はさからふ事。夭死を免るる義を示し、以って凶を免れて吉となる意を示す。

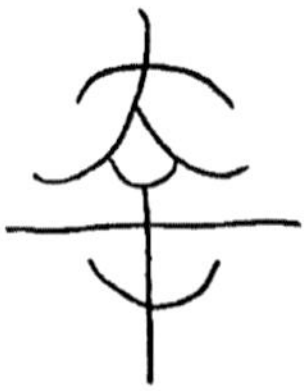

転じてネガウ意。〇天子のミユキを幸という。〇天子、外に出れば、車駕の止まらせうるる地方の人民に謁見仰付けられ、食帛を賜ひ旧租を免ぜら爵祿を与えらるる等の事あるより起れり。〇〃さき・はひ〃「さきはふ」（四段活用の動詞）豊かに栄えることその名詞が「さきはひ」。その副詞形が「さきく」。しあわせであることをいう。〇〃さき〃とは「咲く」「栄ゆ」「盛り」と同根の語。〇〃ま幸（さき）く〃旅に出る時などに「ま幸（さきく）めように無事を祈る語に用いた。

(3) 〃わざはひ〃の漢字用例から考える

〇災異（わざはひ）、妖（わざはひ）、妖気（わざはひ）、禍（わざはひ）（日本書紀）

〇禍、祆、厲、殃、菑（名義抄）。

〇殃、禍、灾、災、厲（運歩色葉集）

〇厄、凶、夭、災、妖、殃、裁、害、眚、禍、孼（大字典）

〇『災』とは、「災」は「巛」と「火」の会意。

〇「巛」は水が壅がれて溢流すること水災をいう。

〇「火」は火災をいう。

〇〔説文〕に正字は裁とする。〔天火を裁といふ〕

〇人火を「火」、天火を「災」という。

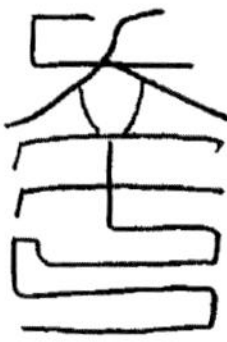

◎『烖』とは。○天火のわざはひ。災の本字。
◎『凶』とは・わざ・はひ、あし、とが、わるもの、わがじに・ききん。・凶とは、吉の反対。・凶は凵と乂よりなる。凵は地の陥落せること。乂は裂け目。・地陥れば人これに墜落す。これより悪、とがの義が出てきた。・更に飢饉、早死等の義とす。
◎『夭』とは・わざはひ、わかじに・うつくし、のびやか・人が頭をまげし形、転じて伸びやかにして、美しい義。・わざはひの義とするは妖の意。・夭折、夭死、夭札、夭昏…生まれて命名せざる中に死ぬこと
◎『妖』とは○わざはひ、ばけもの、なまめく。○夭は人が首を傾けし貌なれば夭に媚を呈すれば〝わざはひ〟となる。○女が媚を呈しなまめかしき女。○妖女…あやしの女、なまめかしき女○妖幻…妖術にてまよはす。○妖気…①悪気②わざはひ。○妖言…つくりごと、いつはりごと。○妖怪、妖異…ばけもの
◎『殃（わざはひ）』とは
○わざはひ、天罰、トガメ、マガゴト。○神の咎、即ち災業禍のこと○「歹」は「殘骨」のこと、ソコナウ。○殃厄、殃災、殃禍、殃難
◎『害（わざはひ）』とは。
○そこなう。わざはひ。○「宀」と「丰」と「口」の合字。○人をそこなひ傷つけること。○

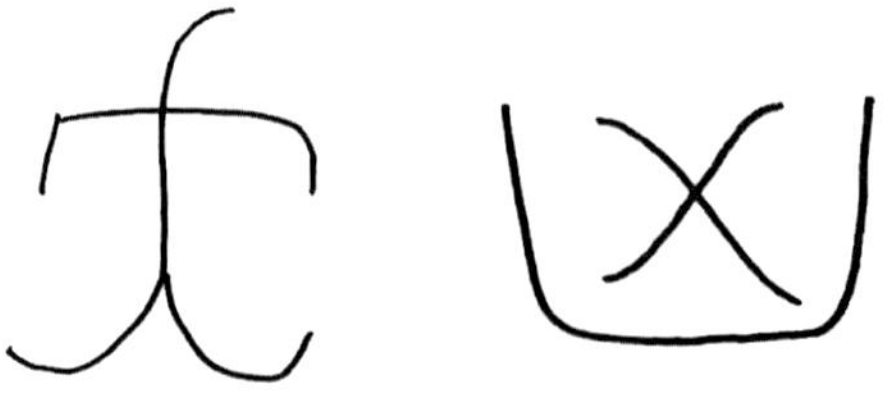

内證に、悪口をいい、そこなう義。
◎『眚（わざはひ）』とは
○くもる。目がかすむ。あやまち、わざはひ妖しき病。○目病んで翳エイ（目の本、クモリetc）。○眚災…は過誤、災は不幸。即ちわざはひを云う。○眚沴…災氣

◎『禍』とは
○わざはひ、まがごと、そこなう、やぶる。○神の咎（とが）をうけてこうむる　ワザハヒ。
○禍厄・禍災・禍毒・禍難・禍酷・禍変…〝わざはひ〟と災難。○禍母、禍根、禍始、禍胎、禍首、禍基、禍源、禍機…わざはひのもと。○禍兆、禍梯、禍階…〝わざはひ〟のきざし。○禍府…〝わざはひ〟の集まるところ。○禍咎…〝わざはひ〟と〝とがめ〟。○禍患…わざはひ、うれへ。
○禍累…わざはひ、かかりあひ。○禍賊…わざはひ、やぶること。○禍乱…わざはひ、みだれること。○禍潰、禍毀（き）…そこなひ、くずれること。○禍福…〝わざはひ〟と幸福。○禍応…災難が従いて起ること。
○禍譴…つみ。

◎『孽（ゲツ・ゲチ）』とは
○召使の女が君主の寵を受けて生みし子。○転じて妾腹の子をいう。○〝わざはひ〟の義

⑷ 四字熟語に見る禍禍福

○『禍福同門』○「禍福由己」（かふくおのれによる）…禍福は皆人自ら招くを云う［孟子］○「禍福同門」（かふくもんをおなじくす。）［春秋左氏伝］○「禍福相貫」（かふくあひつらぬく）［戦国策］…禍福の二者は相貫いて一方に偏倚せざりこと。○「禍福無門」（かふくもんなし）［左伝］…人自ら悪をなせば、その処、即ち禍の入る門となり、自ら善をなせば、その処、即ち福入る門となる。禍福の至はもと一定の至るはもと一定の門戸無きを云う。○「禍福如糾纆」（かふくきゅうてんのごとし）［漢書］…縄を合すを糾という。纆とは三合の縄。禍福の表裏を相なすを二條の縄を糾り合わせたる如きなりとの意。○「福善禍淫」（ふくぜんかいん）…善事をなす者には幸福あり。悪事をなす者には禍が来るべきを云う。○『禍従口生』○「禍不妄至」（わざはひはみだりにいたらず）…禍の到来するは皆その原因あるを云う。○「禍生不徳」（わざはひはふとくにしょうず）…禍乱は皆己の不徳より起るをいう。○「禍従口生」（わざはひはくちよりしょうず）［報恩経］…言を慎まざれば禍あるを云う。・「禍與福隣」（わざはひとふくとはとなりす）［荀子大略篇］…禍福は相隣し、福あれば禍あり、禍あれば福あるを云う。・「禍生自繊繊」（わざはひはせんせんよりしょうず）［荀子］…禍は些細な事より起こる事を云う。・「禍自微而生」（わざはひはびよりしてしょうず）…禍は最初極微の所より発し、終に滔天の勢をなすこと。・「禍兮福之所倚」（わざはひはふくのよるところ）［老子］…禍福の循環極まりなきこと・「禍之来也人自之」（わざはひのくるや、ひとみずからこれをしょうず）［淮南子］…渦の来れるは人自ら之を生ずる所にして徒に福の来れるにあらざること「福生有基」（ふくのしょうずるもとあり）［枚乗］…幸福の来るにその原因あるを云う。・「福生於微」（ふくはびにしょうず）［説苑］…幸福は微細なることより生ずること・「福至心霊」（ふくいたればこころれいなり）［幕府燕間録］…幸福の来る時は、精神も霊明となるをいう。・「福軽乎羽」（ふくははねよりもかるし）［荘子］…福は鳥の羽よりも軽し、自らなすに容易なること。・「福生於無為」（ふくはむいにしょうず）［淮南子］…幸福は淡泊無為に生ずるということ・「福生於隠約」（ふくはいんやくにしょうず）…幸福は陰微にして人の見ざるところに生ずということ

(5)「防災」とは「厄拂（やくばらい）」なり

巨大災害の世紀に突入した現在、防災は最大の時代の寵児になった。

防災の用語は最近生まれた用語である。防災とは地震や洪水等の自然災害を防ぐことに限定されて使われてきている。日本ではもともと〝災い〟は自然現象のみでなく人為現象も含まれるというよりは災いは自然と人為は表裏一体で、人間の肉体と精神が一体である関係と同じである。自然災害と人為災害とは一体不可分なので、一体として考えることが重要である。日本人は防災とは言わずに「厄払い」という言葉を用いてきた。
○「厄」やく、わざはひ、あやうし。○「厄災」とはわざはひ、不仕合、災難。○「厄拂」とは厄災をはらひのける。○「厄除」とは神仏などに祈りて災厄をのぞくこと。○「厄日」とは二百二十日、二百二十日等これまでの災害が多かった年だ。○「厄年」とは男

（二十五、四十二、六十）、女（十九、三十三、三十七）の年で身体の変調を生じる年だという。現在「厄払い」と言えば神社での神頼みの御神籤のみに限定して用いられてきている。日本人の先人の知恵から防災を体系化したのが私が構築した『環境防災学』である。

五、無駄とは何か ―〝むだ〟と〝あだ〟―

⑴〝むだ〟とは何か

『広辞苑』によれば、「むだ」には「無駄」と「徒」の2つの漢字が用いられている。その意味は、「役に立たないこと。益のないこと。またそのもの」とある。「努力が無駄になる」他、無駄のつく言葉の事例として、◯「無駄足・徒足」：歩いたことがむだになること。人を訪ねて、留守などのため用の足りないこと。（例）「無駄足を踏む」「無駄足を運ぶ」go in vain, go on an empty errand.◯「無駄書・徒書」：書いても役に立たないこと。無益な字や絵をかくこと。また、その書いた字や絵。いたずら書き。◯「無駄金：徒金」何の価値・効果もなく使ってしまった金。（例）「無駄金を使う」waste money. spend money to no purpose.◯「無駄食い・徒食」：①不必要にものを食べること。あいだぐい。②仕事をせずに食べることだけはすること。むだめしを食うこと。としょく。◯「無駄口・徒口」：役に立たないおしゃべり。むだごと。「むだをたたく」idle talk、徒口は「あだぐち」とも読む。◯「無駄言・徒言」：むだぐちに同じ。徒言は「あだごと」

とも読む。○「無駄事・徒事」：役に立たないしわざ。無益なこと。徒事は「あだごと」とも読む。○「無駄駒・徒駒」：将棋で打っても益にならない駒。○「無駄字・徒字」：用のないのに書く文字。贅字（ぜいじ）。○「無駄死・徒死」：無益に死ぬこと。いぬじに。death was meaningless. ○「無駄遣い・徒遣い」：金銭などをむだに使うこと。浪費。（例）「税金の無駄遣い」have wasted. thrown away. ○「無駄花・徒花」：雄花の称。咲いても実が結ばない花。「徒花」は「あだばな」とも読む。an abortive flower. 未成熟の、失敗の。○「無駄話・徒話」：役に立たない話。empty [idle] talk. ○「無駄腹・徒腹」：無益なことに腹を切ること。○「無駄骨・徒骨」：「むだぼねおり」の略。苦労した結果がむだに終わること。無益のほねおり。ほねおりぞん。徒労。「無駄骨を折る」make vain effort. ○「無駄飯・徒食」：何も働かないで食うめし。徒食。（例）「むだめしをくう」lead [live] an idle life. ○「無駄物・徒物」：あっても役に立たない物。無用なもの。○「無駄矢・徒矢」：はずれた矢。あだや。

以上の言葉は、すべて〝役に立たない〟〝益のない〟ことの意味であり、「無駄」と記してもよいし、「徒」と記しても良い。

以下は「無駄」の字を用いる例である。○「無駄毛」：unwanted hair. ○「無駄玉」：標的に当たらない弾丸。転じて目的達成には役に立たない行動や資金。（例）「無駄玉になる」○「無駄歯」：歯車で噛み合せの相手となる歯を相互に絶えず変えて摩滅を平均化させるため、理論上の歯車の数よりひとつ多くした歯。

これらの言葉は、〝的をはずれる〟〝噛み合わない〟〝好まれない〟等の意であり、「無駄」の漢字が用いられるが、「徒」の字は用いない。

◎『和英辞典』を引いて見ると、以下のとおりである。

①益がないこと：useless, of no use. wast. lost, vain.

②浪費：waste : wastefulness. spoiled, ruined. throw money away.

(2) 〝むだ〞の語源と字源

〝むだ〞を表す「無駄」「徒」の語源は、以下の2説がある。①「ムナ（空）」の変化したもの〈大言海説〉。ムナシ（空）の義〈名言通〉。②擬態語「モダ（黙）」から〈言語梯〉ともいうが、未詳であるという。

では、なぜ〝むだ〞を「無駄」と書くのであろうか。

「無駄」はあて字であって、特に意味はないようである。一方〝むだ〞になぜ「徒」の字をあてるのか。「徒」は「辵」と「土」よりなる。道を行くときに乗物に乗らず、土を踏んで行く「徒歩」の意味であるという。また、乗物を用いない人のさまから、「しもべ：信徒・生徒」の意味を表し、また、乗物がないさまから、「から」「むなしい」の意味をも表す。

以下、「徒」とその熟語の意味を引いて見る。○「徒」：①いたずらに　ア悪いたわむれ、悪戯。わるさ。イみだらなこと。②ただ、普遍の。③あだ、何の役にもたたない。むだ。徒花（あだばな）、徒名（あだな）、徒野（あだしの）。○「徒為」：トイ。無駄なこと。無益のしわざ。○「徒歌」：トカ。無伴奏で歌うこと。○「徒居」：トイ。何もしないで過ごすこと。○「徒言」：トゲン。

無駄な言葉。◯「徒爾」：トジ。いたずら。なだ。無意味。◯「徒取」：トシュ。ただとり。功労もないのに恩賞や、官位を受けること。◯「徒処」：トショ。①何もしないでいること。②頼るべき者もなくひとりぼっちでいること。◯「徒消」：トショウ。無駄に使ってしまうこと。◯「徒善」：トゼン。口先ばかりで実行のともなわない善意。◯「徒然」：トゼン。①いたずらに。あてもなく。漫然。理由のないこと。②うそ、むなしいこと。③ただしかり。そればかり、それだけ。④つれずれ、何もすることがなくて退屈な様子。「徒然草」。◯「徒法」：トホウ。あっても守れない、むだな法律。

ここで問題となるのは、徒を〝あだ〟と読み、その意味は〝むだ〟とほぼ同義で使われていることである。

さらに、〝あだ〟の意味を徹底的に調べてみる。

(3) 〝あだ〟とは何か

「徒」は「あだ」と読む。では、「むだ」と「あだ」とはどう違うのか。

『広辞苑』によれば、「あだ」とは①実（じつ）のないこと。むなしいこと。いたずら。むだ。②はかないこと。かりそめ。③浮薄なこと。ういたこと。

あだ（徒）の語源は、五つほど説がある。①アダシ（他）の語根〈大言海〉。②アナタ（彼方）の約言。〈言元梯〉。③無用の意をいうアヒダ（間）の約〈大言海〉。④イタズラの転〈類聚名物考〉。⑤アはアハ（淡）：アマ（甘）のアで軽い意。アダはハナ（散）に近い語〈日本語源〉。

以下、その用例を見てみる。○「あだの火宅」：〝はかなく苦しい現実〟。○「あだの悋気」：〝自分に直接関係ない他人の恋をねたむこと〟、法界悋気。○「あだ・あだし（徒徒し）」：①実のない。不誠実だ。浮気っぽい。○「徒ふ（あだう）」：ふざける。わるふざけをする。○「徒命（あだいのち）」：はかない命。○「徒疎か（あだおろそか）」：あだにもおろそかにもの意で、同意の語を重ねて強めたもの。打ち消しの語を伴う。粗末にするさま。いい加減にするさま。かりそめ。○「徒く（あだく）」：うわつく。うわきな気持ちでいる。○「徒口（あだぐち）」：実意のない言葉。むだくち。○「徒口念仏」：信仰心のない口先だけの念仏。「空念仏」。○「徒雲（あだくも）」：やがて消えるはかない雲。浮き雲。○「徒競べ（あだくうべ）」：①互いに浮気心があると言いあうこと。②互いにはかなさ、もろさをくらべ合うこと。○「徒車（あだくるま）」：乗って女の所へかよったが、恋はならず、かいのなかった車。むだぐるま。○「徒け（あだけ）」：徒くの連用形から転じた名詞が、アダに（気）けがついたとも。うわついたこと。浮気。○「徒げ（あだげ）」：はかなそうなこと。もろそうなこと。○「徒恋（あだこい）」：むなしい恋。○「徒心」「他心」：浮気な心。実（じつ）がなく移りやすい心。○「徒言（あだごと）」：①実のないこと。つまらないことがら。②浮気な行為、色事。○「徒桜（あだざくら）」：散りやすく、はかない桜花。○「徒し男（あだしおとこ）」：①情夫。②薄情な男。○「徒し女（あだしおんな）」：①情婦。②浮気な女。○「徒しが原（あだしがはら）」：無情の原の意。徒野（あだしの）。○「徒し煙（あだしけむり）」：むなしい煙。はかない煙。火葬場の煙。○「徒し心（あだしごころ）」：他にうつる心。うわきな心。○「徒し言葉（あだしことば）」：実のない言葉。あてにならない言葉。○「徒し手枕（あだしたまくら)」:かりそめにほかの人と契ることをいう。○「徒し契り(あだしちぎり)」:はかない約束。末とげられぬちぎり。○「徒し名(あだしな)」:浮き名。○「徒し情け(あだしなさけ)」:あてにならない情、変わりやすい情。○「徒し身(あだしみ)」:はかない身。○「徒し雅(あだしみやび)」:次々と風流を求めてうつりゆくこと。○「徒し世(あだしよ)」:はかない世、無常の世。○「徒野・化野(あだしの)」:①火葬場のあった地として鳥部野と共に有名。②転じて火葬場または墓場。○「徒銭(あだぜに)」:無益につかう金銭。むだぜに。○「徒付く(あだつく)」:あだこころがつく。浮気心をおこす。○「徒夫・徒妻(あだづま)」:かりそめの夫、または妻。ちぎりの短い夫または妻。○「徒名(あだな)」:色好みのうわさ。浮気の評判。無実の評判。浮き名。○「徒名草(あだなぐさ)」:桜の異称。○「徒波(あだなみ)」:いたずらに立ち騒ぐ波。変わりやすい人の心にたとえる。○「徒寝(あだね)」:①思う人と離れて一人空しく寝ること。ひとりね。②かりそめのちぎり。○「徒花(あだはな)」:①咲いても実を結ばない花。むだ花。②はかなく散りゆく花。③季節はずれに咲く花。④祝儀として渡しても後で現金に換えられない紙ばな。○「徒弾き(あだびき)」:琴・三味線などをなぐさみに弾くこと。○「徒人(あだびと)」:①他の人。②心のかわりやすい人、うわき者。③風流を解する粋な人。また恋人。○「徒臥し(あだふし)」:①ひとりね。②かりそめのちぎり。○「徒惚れ(あだほれ)」:末のとげられぬ恋。片思い。○「徒枕(あだまくら)」:かりそめのちぎり。○「徒結び(あだむすび)」:しっかり結ばない事。その結び方。○「徒物(あだもの)」:はかないもの。もろいもの。○「徒矢(あだや)」:あたらない矢。むだ矢。○「徒や疎か」:いいかげん。○「徒夢(あだゆめ)」:望みのむなしいこと。

⑷「徒」以外の〝あだ〟

〝あだ〟は、「徒」以外の漢字も用いられる。

・「仇（あだ）」：①かたき、うらみ。②かたきとする。うらむ。にくむ。③つれあい、相手。④おごりたかぶる。語源についてはいまだ確定的なものはない。古くは、表記はすべて清音でアタである。二葉亭四迷の『浮雲』を始め、近代作品ではアダと濁音化している。江戸後期から明治初期にかけて、濁音化が進んだと見られる。

・「讎（あだ）」：①あだ・かたき。②あだとする。③むくいる。④なかま。⑤等しい。⑥売る。⑦当たる。⑧用いる。⑨くらべたたす。

・「寇（あだ）」：①あだ。(ア)かたき。(イ)外から侵攻してくる敵。(ウ)群をなしている盗賊。②あだする。(ア)害を加える。(イ)しいたげる。(ウ)かすめとる。

・「賊（あだ）」：①害を与える。②他人の財貨を盗みとるもの。③天子や国に害をなす者。

渾名、綽名（あだな）。人の性行、身体的特性など

“むだ”と“あだ”

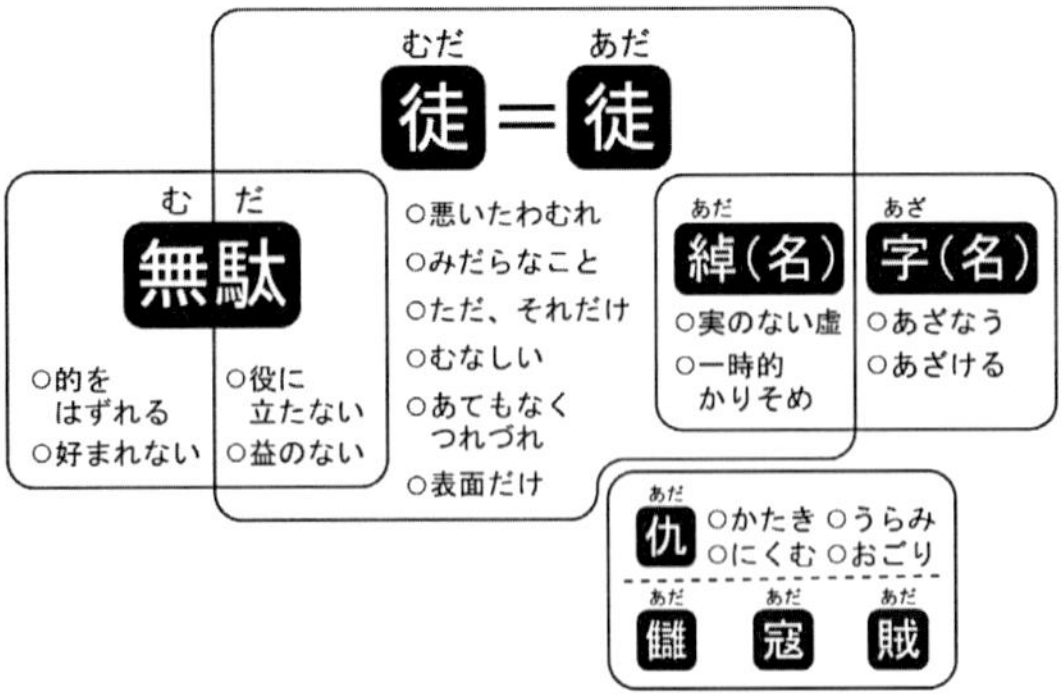

をとらえて、第三者が付ける通称。本名に対する別称でもあった。中国語では外号、綽号。Nickname.「アザナ」がまずあって「アダナ」となる。アザナとは、アザは縄をアザナフのアザであり校倉（あぜくら）のアゼと同根語で交名（あざな）の義であり、人と交ることよりおこった名と解される。アザは本来的に本物、実に対して別、嘘の意がある。アザケル、アザワラウのアザと同根語であろう。そこから「字」名〝あざな〟が生まれた。

荻生徂徠は、名は双松（なべまつ）、字（あざな）は茂卿（しげのり）、号は徂徠というようになった。

地方の地番の呼称に字〇〇とある「字」は、正しく定まっている名でなく、呼びならわされるものである。正式名ではなく、一種の通称から字と呼ぶわけで、人にいうアザナと同根語であろう。むしろ、地名の字から人名に転用した場合もあろう。

アダナは、もっぱら貞節に関する疑いから生まれる悪い評判である。「アダナが立つ」とは、浮名などの意味であり、徒名とも書く。

(5) 無駄か、無駄でないか ——世相に見る無駄と必要の構図——

最近の選挙では、票を獲得する手段として「選挙公約（マニフェスト）」というとんでもない制度を西洋のものまねで取り入れだした。

マニフェストとは、もともとマルクス、エンゲルスが大衆を煽動した「共産党宣言」のことなのである。もともと大衆をそそのかす意図のものである。

民主党が大勝し政権交代することとなった衆議院選挙で民主党は、子ども一人年額三一・二万円の子供手当を支給するという政策等を打ち出し、大衆の票集めのマニフェストを作った。これに必要な財源が五・五兆円、その他の票集めのマニフェストのばら撒き予算が、締めて一六・八兆円かかる。その財源を捻出するのに、無駄遣いを削減したら九・一兆円が出てくる、その他、埋蔵金四・三兆円等で一六・八兆円は出てくると言っていた。また、無駄を徹底的に削減するために、公開の場で事業仕分けという見せ物を演出したりもした。その結果、無駄を切り捨て捻出できたのが、約六八〇〇億円だという。

そもそも無駄とは何かを一切議論することもなく、国防とか国土の保全とか、科学技術の振興等、国家の基幹となる事業に対して、民家の屋根の雨漏りの修繕でも扱うかの如き素人の感覚で、無駄の一言で次々切り捨てていったのである。

その後も、国家財政の立て直しの論がまだまだ続く中で、原点に帰って無駄とは一体なになのだろうかと考えて見ることも、決して意味のないことではないだろう。

当時の国会では、無駄論議が姦しかった。「豚に真珠」「猫に小判」というが、価値が分からない者にとっては、どんな大切なものも無駄になってしまう。誰にとって無駄で、役に立たないのかというところが問題なのである。では、誰にとってか。豚や猫ではなく、人間様である。人間様といっても十人十色、いろいろな人がいる。どんな大切なものも、価値が理解できない者にとっては無駄となる。

ある特定の人にとっては必要だが、他の不特定多数の人にとっては不必要なものが多くある。

ある特定の人は、けたたましく声高に必要性を訴える。他の多くの人は、とりたてて必要だと声を上げないものが甚だ多い。不特定多数の受益者のための公共事業に対しては、特にそういう傾向が強い。ある特定の人はけたたましく無駄だと声を出す。他の不特定多数の受益者は特段声を出さない。ノイジィーマイノリティーとは、けたたましく騒々しい小数派であり、一方、サイレントマジョリティーとは、大多数の静かな人々を言う。この構図が、国政に歪みをもたらしているといえるのではないだろうか。

また、時間的な課題として、かつては必要なかったが、今必要となってきたものもある。かつて必要だったが、今は必要がなくなったものも多い。今あまり必要でなくても、今後必要になってくるものも多くある。今投資すれば簡単にできるが、後からではできなくなるものも多い。先行投資は非常に割安でできるが、後追い行政では何倍も経費と時間がかかる。

空間的な課題として、当地の人にとっては通過交通で迷惑施設だが、周辺都市の人にとっては大変必要なものがある。また、水源地の人にとっては迷惑だが、都会の不特定多数の人にとっては極めて必要なものがある。問題は、都会の人がそれに気づいていない点である。自分自身や自分の所属している集団としての課題もある。

・自分にとって必要だが、他人にとっては必要でないもの（自分にとっての親の形見など）。
・自分の信じている教団にとっては必要だが、他の宗派の人にとっては必要ないもの。
・百姓さんにとって必要な制度だが、他の職業の人にとっては必要でないもの。
・おちこぼれの生徒にとっては必要だが、よく勉強する人にとってはどちらかと言えば迷惑なもの。

◎同一の人間

		老人	
		必要	無駄
幼児	必要	・水と食料 ・安全な住まい	・おもちゃ ・遊び仲間 ・将来の夢
	無駄	・茶飲み仲間 ・葬式と墓場の準備	・働き口（職場）

◎人間と他の動物

		人間	
		必要	無駄
豚や猫	必要	・水と食料 ・安全な場所	・猫飯 ・残飯
	無駄	・真珠 ・小判	

◎認識度合い

		堤防に対する深い認識 (A)	
		必要	無駄
堤防に対する表面的認識（B）	必要	・堤防の維持管理 ・水防 ・避難	・八ツ場ダムの中止 ・切れない堤防 ・堤防のボーリング
	無駄	・スーパー堤防の建設 ・八ツ場ダムの建設	洪水のたびに破堤する堤防を元に戻して、また災害を受けること

・気がついた人にとっては非常に重要で火急なことも、気づいていない人にとっては必要でないもの。

国家規模で考えれば、日本人にとって今至急にやらねばならない重要なことも、気がついていない多くの国民にとっては不必要に思えるものがある。その中には、気がついてからでは手遅れになってしまうものが多い。
・敵国からの侵略や自然災害の脅威に対する防御のように、必要性の度合いが時間によって変わるもの。
・敵国や自然災害の脅威に対する認識度合の違いによって必要性の度合いが変わるもの。
・認識度合によって必要性が変わるもの。
・価値観によって必要性が変わるもの。
・歴史から学ぶ人、他山の石から学ぶ人。本を読めば、多くの人の経験を追体験できる。多くの人の体験から学ぶ人。逆に自分の極めてわずかな体験からしか判断できない人。

○無駄と必要の比較

◎同一の人間でも、無駄か無駄でないかは時間と共に変わる。
◎人間と他の動物とでは、当然無駄か無駄でないかは変わる。
◎認識度合（深いか浅いか）により、無駄か無駄でないかの判断は変わる。
現在の堤防が破堤の輪廻の結果、営々として数百年以上にわたる嵩上げ・築堤によって形づくられてきたという認識に立つ人（A）と、堤防築堤の経違がどれだけ大変なことか理解できない人（B）とでは、スーパー堤防がこれから四〇〇年かけて営々と築堤していけば完成し、東京や大阪圏が真に破堤の輪廻から脱却できることの意義に対する無駄か、無駄でないかの評価が分かれる。

六、想定とは何か―恐ろしい鬼を思いうかべる事である―

想定とは何か。想いめぐらし定めること。今後起こるであろう、色々なことを考えることである。想定とは「ある条件や状況を仮に設定すること」であり、想定外とは「事前に予想した範囲を越えていること」である。

「想定内」という言葉は、ライブドアの元代表ホリエモンこと堀江貴文が記者会見で連発し、二〇〇四年の新語・流行語大賞に選ばれて一挙に時代の寵児・スターの座におどりでた。その後、二〇〇七年三月十六日証券取引法違反の罪に問われ、東京地裁で判決が下され、実刑となった。

実刑判決は、ホリエモンにとっては「想定外」のことだったということでしょうか。

〇二〇一一年三月十六日の東日本・大震災大津波と東電福島原発事故という大災害が生起し、地震や津波等の災害関係の学者や原発設計の関係の専門家から、ことあるごとに「想定外」の災害だったという言葉が飛び交った。

私共、河川災害に係わる仕事を永年していると豪雨災害があるたびに、今回の豪雨はこれまで経験したことにない記録的豪雨であり、想定外の大出水となり堤防が破堤したという「言葉」がこれまでもその都度話題にのぼった。

想定とは「ある一定の状況や条件を仮に想い描くこと」である。

英語では、素直にはassumptionである。assumptionは「証拠もなく事実だと考えること、決めてかかること、仮定、憶説」で、確固たる証拠がない仮説である。Assumptionは想定の概念はあるが妄想の概念の方の意味合いが強い概念である。

想定外はout of expectations,beyond one's expection と表現されている。expect は「かなり確信と理由をもって事が起こるであろうことを予測する時に用いるが、よいことの場合は期待する。悪いことの場合は予想するの意にもなる」

想定内はwithin our previous,with in my assumption 等という表現となる。

漢字の「想」とはどのような意味が込められているものだろうか。

白川静によれば想とは「冀思（きし）するなり」とあり、その形容《すがたかたち》を想いうかべることをいう。［史記、屈原伝］に「其の書を読み、その人となりを想見す」とあり、また［周礼、胝禬］の十煇の法の大十は想、［鄭注］に「雑気、形想すべきに似たるあり」とあり、謝霊運［江中の孤嶼に登る］の詩に「崑山の姿を想像す」の句がある。もと形態に即したものであるが，のち想念、思想のように用いる。

「冀」とは北と異とに分解しうる形でなく、金文の字形、鬼形の者がその手足を披き、角飾りをつけている形である。即ち、鬼の正面形に頭飾りのある形である。想とは恐ろしい鬼の姿を思いうかべることをいう。（下図参照）

鬼形のものがその手足を拡げ角飾をつけている形

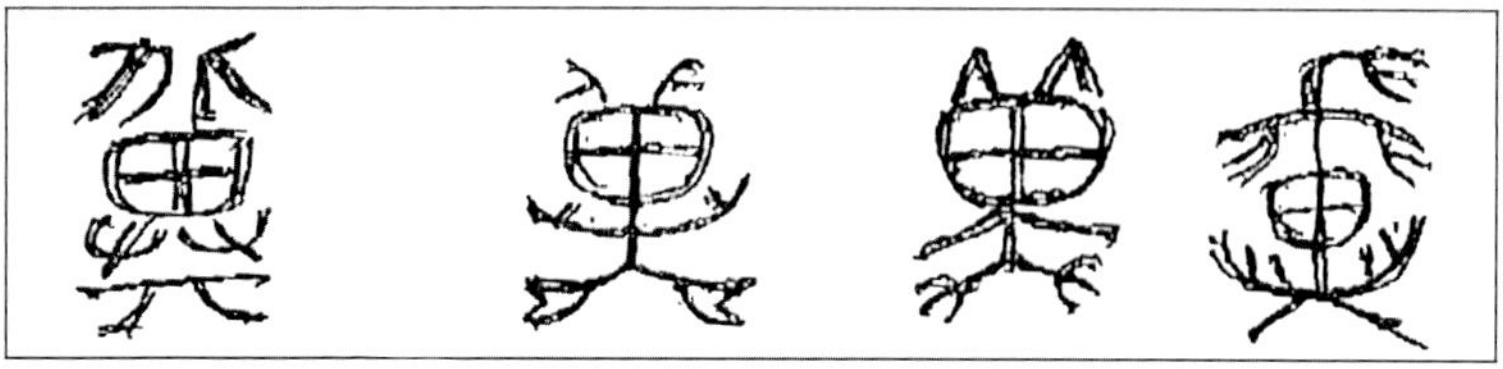

七、〝いじめ〟とは

(1) 世界中から「いじめ」の集中攻撃を受けている日本―いじめの原点を考える―

〝いじめ〟が社会問題になって久しい。特に小学校や中学校の生徒間の〝いじめ〟が問題になっている。

〝いじめる〟(苛める、虐める)とは何か。

弱い者に対して意識的に精神的または肉体的に苦痛を与える事である。意地悪をして苦しめる。痛めつける。つらい目に合わせる。意地とは仏教で心の持ちようで、気性を意味する。したがって気性が悪いということである。相手に自分の意地・自己主張を強く押し付けることで、結果的に意地悪い行為、言動をして相手を苦しめることになる。

〝いじめる〟の語源は四つほどが考えられる。①弄る(いじる)からか②意地を活用した語か③意(い)を「締める」の意か④〝いひちぢめる〟の略か。

漢字で「苛」はきびしくする意であてられる。「虐」は「虎」と「爪」の会意文字で虎が爪で人をつかむことから〝むごい〟の意になる。

〝いじめ〟とは強者が弱者を支配するための一手段であり一プロセスである。社会人になれば〝いじめ〟はもっともっと深刻で陰湿になってくる。

国を挙げて競争社会を奨励している。国家の政策で強者と弱者を作ることである。弱者は負け続ける。強者しか生きてゆけない。国策として急激に弱者階級を大量に増産し始めた。

〝いじめ〟の本質は強者の論理である。強者が面白くない者を「のけ者」にしてグループから追放ないしは疎外することである。強者の論理が支配する社会では、いろいろな階層で深刻な〝いじめ〟問題が増発しだしている。

日本の社会はかつては、村の掟を破れば村八分といって、団結の強い村社会・結いの社会から追放された。

人間の欲望はマズローの欲求5段階説である、食欲等生存の欲求（第一段階）の次は、安全の欲求（第二段階）であり、それが満たされれば、所属と愛の欲求（第三段階）を求める。ここまでは動物共通のレベルの根幹的な欲求である。

人間だけでなく群れを作る動物は一人（ないしは一頭）では生きてゆけないのである。どこかに所属し群れをなしておかなければいつ外敵に襲われるか分からないので不安で生きてゆけないのである。

のけ者にするためには、何人かで連（つる）んで、いじめの相手を作り、分かりやすいラベルを付ける。「掟を破った」「変人だ」「不潔だ」「へたくそ」「のろまだ」等といって、のけ者扱いにする。その軽いものが蔑視的なあだ名である。「チビ」、「禿」、「間抜け」、「ウスノロ」。等々のあだ名を付けることから始まる。

社会人の組織に入ればそのような子供のころのような「いじめ」は姿をかえる。

本人には直接面と向かっては何も言わない。しかし裏で変人だとか何やカヤ、あることないこと、いろいろな噂を立てる。噂は人事当局に届くようにする。人事当局としては主要なポストから遠ざけざるを得ない形に追い込まれる。その組織にはどんどん居づらい形になってくる。陰湿な追放である。

国際社会・国家間においても全く同じ構図である。国際社会のいじめはもっと深刻で冷酷である。

武力の強いボスの国の傘下に入っておかなくては、次々に国際社会に於いて不利な立場に追い込まれていくルールが作られてゆく。

「日本のリーダーが日本を守る気概がない」とみすかされたら、つぎつぎ「いじめ」が始まる。少し脅されれば、直ぐに悪うございましたと平謝りに謝る。口で謝れば済むとでも思っているのかと脅されれば、いくらでも国民が汗と血で稼いだ税金を貢がされることになる。脅されてもいないのに、自分からＣＯ２排出権取引で罰金を沢山支払いますと得意げに言う。こんな「ウスノロ」な国は世界史の長い歴史にもなかったのではないか。

日本の四周の列強はまるで談合でもしているかのように、日本は今が〝いじめる〟最大の好機であると判断し、〝いじめ〟をどんどんエスカレートさせてきている。〝いじめ〟とは実利が一杯の笑いが止まらない実に愉快なゲームなのだろう。

民主党の初代首相の鳩山由起夫氏は「コンクリートから人へ」というマスコミ迎合のスローガンで公共事業を蔑視した。一方で、世界中から「ルーピー」（馬鹿者。現実から遊離した変人、くるくるパー）と蔑視されても尚懲りずに友愛・友愛と叫び続けて、どれだけ国益を損ねた事だろうか。何百億円・何兆円という様なオーダーではないのではないだろうか。その後も世界中にとどまらず、民主党の一番の身内の党内から「あなたは首相まで務めた方だから、大変恐縮だが党員資格停止六カ月とした」と申し渡され、友愛をキャッチフレーズとする由起夫氏は「みんなが造反したのに、僕だけが処分が重いのは差別だ」とのたまう始末であった。

次の菅首相は尖閣沖の中国漁船問題で屈辱的な対応や、脱原発などの対応で世界中から信用を失い、経済も失速し、世界中から蔑視の集中砲火を浴びていた。

これだけ世界中から「いじめ」の集中砲火を浴びた国はこれまでなかったのではないか。ところで、英語圏では〝いじめ〟問題はどうなっているのであろうか。あまり伝わってこないような気がする。英語で〝いじめ〟はＢＵＬＬＹである。

ＢＵＬＬＹは名詞で①いじめっ子、がき大将。動詞で①いじめる。②いじめて…させる。形容詞で①素晴らしい。素敵な。という意味となる。

ＢＵＬＬＹ　ＢＯＹは「暴漢、暴力団員」だという。なるほどということであるが、Ａ　ＢＵＬＬＹ　ＩＤＥＡは「すてきな案」となる。ＨＥ　ＩＳ　ＢＵＬＬＹ　ＨＥＡＬＴＨは「彼はとても健康だ」ＢＵＬＬＹ　ＦＯＲ　ＹＯＵ！は「でかした！　すてきだ！」となる。

英語の社会は〝いじめ〟と「すてき」が何故同一の単語なのでしょう。考えさせられる。

ＢＵＬＬＹの語源を遡れば、何かが分かるのではないか。

ＢＵＬＬＹの名詞としては①一五三八～一七五四、恋人、いい人②一六八八～、壮士、威張り散らす人、弱い者いじめをする人③一七〇六～、売春宿の主人、ポン引き。形容詞としては①

一六八一～、立派な、すてきな。動詞としては①一七一〇～、弱い者いじめをする、威張り散らす。英語の世界は勝者の世界であり、敗者はかっこが悪い、恋人にもなれない、いい人にはなれない社会なのである。威張り散らす人、弱い者いじめをする者は壮士で立派で、かっこがよく、すてきな方なのである。売春宿の主人も、ポン引きも弱い者を食い物にする職業である。同じようなイメージで使われてきた。

ＢＵＬＬＹ　ＤＯＣＴＯＲは「親愛なる、お医者さん」。ＢＵＬＬＹ　ＫＮＩＧＨＴは「騎士どの」。ＢＵＬＬＹ　ＭＯＮＳＴＥＲは「怪物くん」なのである。これらは全て「いじめっ子」で勝者側であり、親愛なる者として社会から評価されてきた。一方敗者の「いじめ」を受けてきた者は社会的に情けない者で、自殺しようが、同情の対象にもならないという社会なのである。

(2) 〝いじめ〟問題を考える

〔1〕世界から〝いじめ〟問題を考える

世界は強者の論理で動いている。〝いじめ〟という弱者から考える論理は見うけられない。

現在の国家間で相手に自分の国の意地・自己主張を強く押し付ける国が強い国である。それが出来なく、反対に押し付けられる国が弱い国である。日本は豊かで、技術はあるが、資源もエネルギーも食料も自給できない、脅し・〝いじめ〟の種は尽きることはない。四周の国から次々に道理に叶わぬ無理難題を押し付けられて、いつもオロオロ怯えている。日本は間違いなく非常に弱い国で四周の国から事あるごとにいじめられている〝いじめられっ子〟の国である。日本の北には恐ろしい南進の野望を持つロシアがいる。西から南に北朝鮮・韓国そして中国がいる。北朝鮮と韓国は同じ民族である。東に米国がいる。全て核を保有し、ことあるごとに核で脅す軍事大国ばかりである。日米同盟というが、米国は自国が利益にならないことは決してやらないことは自明のことである。

日本の非常時に守ってくれると思っている人がいるが、とんでもない勘違いである。日本は四周の核兵器を保有している列強に囲まれており、それらの国々のど真ん中に、ポツンと素手で何も持たない弱い国である。四周の列強は核をチラつかせて、ことあるごとに日本に無理難題の〝いじめ〟を押し付けてきている。日本がいじめられないようにするには、核を真正面から考える以外にない。日本は非核三原則（既に核は持ち込まれていることは周知の事実である）などという現実を直視しない、夢のような甘いことを言っているので世界中から軽く見られ、なめられて、いじめられることとなる。日本が現在受けている〝いじめ〟の度合いがこの程度で済んでいるのは、日本は核兵器を保有していないが、核の平和利用の技術（原発）は世界一であるからである。日本をとことん、〝いじめ〟尽くせば、いつ「窮鼠猫を噛む」ということになるか分からない。世界一の核技術で武装するか分からないという隠れたポテンシャルを秘めているからである。

日本が脱原発を目指すということは、資源はない上にエネルギーの三分の一まで放棄し、更に世界一の核技術まで喪失することになれば、日本のモノづくりは成り立たなくなるということは自明の論理である。日本は経済的にも一瞬に最貧国になるであろう。軍事的にも何もない世界でも最も弱い国になることとなる。日本の四周の列強から深刻な、取り返しの付かない「いじめ」

の総攻撃の対象になるであろう。四周の核武装をした外敵からのイジメ問題に対する私論はある一面からの極論であり、これまでの日本が取ってきた非核武装平和外交も、多くの国々から高い評価を受け初めている事も現実である。なかなか難しい舵取りが求められている。

〔1〕土木と日本は「いじめ」の恰好の餌食

小学校や中学校の生徒間の〝いじめ〟が看過できない社会問題になっている。〝いじめる〟(苛める、虐める)とは何か。

近年、マスコミによる執拗なキャンペーンのもと土木業界は「悪の職業」にされてしまった。その〝いじめっ子〟はマスコミである。マスコミが大衆を煽動して「土木は悪だ」「ダムは無駄だ」という社会風潮を作ってしまった。民主党の初代首相の鳩山由起夫氏は「コンクリートから人へ」というマスコミ迎合のスローガンで公共事業を蔑視する政策をかかげた。その結果「コンクリートから人へ」を国是とし、無駄をなくすとして、事業仕訳という見世物的裁判で、土木事業がギロチンにかけられていった。マスコミという敵がいない強者が、反論の出来にくい弱者である公務員や土木業界を血祭りに上げる、まさに深刻な〝いじめ〟と言えないか。これは中世欧州の「魔女狩り」の構造とそっくりのように映る。

八、拉致と強制連行─強制避難による死者─

最近の新聞紙面をにぎわす言葉に拉致と強制連行と強制避難がある。それらはどう違うのであろうか。

［拉致］とは、ある個人の自由を奪い、別の場所へ強制的に連れ去ること。連れ去り、直ちに身代金を要求することを目的とせず、また別の土地に連れ去る行為で、誘拐の一種である。特に、ある国家や組織が、政治的・軍事的な理由により行う誘拐を指すことも多く、それが二国間で行われた場合は戦争とみなすことがある。

オウム真理教による拉致事件や、北朝鮮による日本や韓国人の拉致問題がマスメディアによって頻繁に報道されるようになって、急速に世間に膾炙《かいしゃ》するようになった言葉である。

［強制連行］とは戦時体制下で日本政府（大日本帝国）が朝鮮半島で行った労務動員を指して使われる言葉で、日本人に対しては国民徴用令を適用し、朝鮮人に対しては募集形式で強制連行されたと言われている。そもそも「強制」と呼ばれるべき事象であったかどうかを巡り議論があるという。募集と強制とは共に合い入れない概念だと思うのだが、どう考えてもおかしい。政治的な慰安婦論争の渦中で、言葉の概念が統一されないまま議論され、近年増々その概念は曖昧となっている。

［強制避難］

福島原発事故をうけて、菅政権は福島原発近隣の住民に強制避難を命じた。そもそも福島原発事故でまる五年が経つが放射能による死者も病人も一人も出ていないが、菅政府による強制避難で多くの人が別の意味で犠牲になっている。

強制避難で双葉病院の入院患者五十人が死亡した。放射能による死者ではない。福島原発事故による関連死ということである。

福島原発から約四・五㎞の位置にある双葉病院と近隣する施設で、合わせて地震発生当時患者四百三十八人が入院していた。

三月十二日早朝全町民の避難が決定され、第一陣として移送可能な患者二百九人と医師らがバス五台で避難した。患者二百二十七人と院長らは次の救助が来ると信じ、病院と施設に残った。十三日救助は来なかった。

十四日朝六時半、百三十二人が自衛隊の車輌でいわき市の高校へ向かうが、移動で十四時間を要し、車内で三人が亡くなり、搬送先の病院をあわせ計二四人が亡くなった。

院長他避難先から戻った医師・看護助手らは電力や水道が使えない中、残る九十五人の患者の看護に当たった。

十四日夜、院長や病院スタッフらは警察から避難を命ぜられ患者を残し、警察車輌により移動させられた。病院に戻ろうとしたが許可されなかった。

残る九十五人は病状を把握していない自衛官らにより十五日午後まで避難完了したが、避難途中に七人が亡くなり、最終的には合計五十人の方がこの強制避難で亡くなった。放射能も怖いが、それより無知な政治の方がはるかに怖いということである。

九、土砂ダムと天然ダム

(1)「天然ダム」報道の混乱

①新聞報道の混乱

民主党政権時「コンクリートから人へ」のキャッチフレーズのもとにダムやスーパー堤防をはじめとする公共事業が無駄なものとして中止や大幅に削減していった天罰（天譴）が下ったかのように東日本大震災・大津波の復旧も進まない中、台風12号、台風15号が上陸し、各地に甚大な被害と爪跡を残した。

それらの中で紀伊半島に生じた「土砂ダム」とマスコミが称している現象について考えて見たい。

熊野川の上流十津川等の川筋は急峻な山地に深い河谷が切りきざまれている。そこに千㎜オーダーの豪雨があれば、近年特に注目されている深層崩壊と称する山地崩壊が起こる。狭隘な渓谷に崩落した大量の土魂は一瞬にして川を堰止めて大湖水を誕生させる。

台風12号でこのような湖水が五つ形成され、その後の大雨でそれらが欠壊すれば土石流の大洪水が生じ、下流に大変な災害を及ぼすこととな

天然ダム	産経新聞
土砂崩れダム	読売新聞、フジテレビ
土砂ダム	朝日新聞、毎日新聞、共同通信、ロイター新聞、日本テレビ、テレビ朝日、TBS
堰き止め湖	（堤体ではなく湛水域として）NHK

るので連日、マスコミが土砂ダムの動向を伝えていた。その当時はマスコミの報道を見るにつけ気になって仕方がないことがあった。

新聞報道を見ると「土砂ダム」「土砂止めダム」「土砂崩れダム」「堰き止め湖」「河道閉塞」「天然ダム」等々用語の使用で混乱している。まるで、十人十色ではないが十人よればそれぞれ好き放題の名で称している。

二〇一一年九月の段階で報道各社のホームページによると次のようであった。

産経新聞の例外を別にすれば、明らかに「天然ダム」の呼称を忌避しているようである。又、「河道閉塞」の用語も、ほとんど使用されていなかった。

日本は災害大国である。災害に強い国土形成を目指す土木技術者、特に河川管理に従事する者とした正しい用語で発表することは重要な使命ではないか？　用語がバラバラで定まらないようでは智慧の結集もままならない。

②混乱の端緒

どの名称が正しかったのか？

日本の災害の歴史を振り返り見ると、全国各地でこのような自然現象による災害はこれまでも多くの事例がある。結論から言うと「天然ダム」が正しい。既に学術用語としても定着し、天然ダムに関する博士論文他報文もこれまで多くある。それならいつから何故このように昨今いろいろな名称が飛びかうことになったのか。

平成十六年（二〇〇四）の新潟県中越で信濃川支川の芋川沿いの山古志村地内中心にいくつも

（四十五）の天然ダムが生じて、大騒動している。その折、この芋川の天然ダムの欠壊による被害が出ないように緊急的な対策を講じなければなかった。天然ダムが欠壊すれば大変な災害という恐ろしいものとなる。天然ダムはイメージとしては人々を苦しめる大変な悪玉である。

一方、天然とか自然とかは美しく、又大切にしなければならない善玉のイメージが強い。天然ダムという専門用語は災害をもたらす悪玉に対する名前としてふさわしくない。これからは天然ダムという専門用語を一切使用せずに「河道閉塞」ということにしたら良いのではということになったようである。

そのようなことで国交省の記者クラブでこれからは「天然ダム」という専門用語は今後「河道閉塞」と名前を変えることにしたと大々に発表した。これが、そもそも名前の混乱の原点である。

⑵「天然ダム」と「河道閉塞」は似て非なるもの

天然ダムと河道閉塞とはその形成の素因と誘因からはじまって、挙動特性も全く異なる似て非なるものである。

イノシシとシカとは共に山野に生息する四つ足の動物で一見同じように見えるが、イノシシという言葉は猪突猛進で粗野なイメージがする。一方鹿は可愛い、小鹿のバンビや神の使いのイメージが良いので、これからはイノシシを鹿と呼ぶことにしようと言っているようなものである。

天然ダムとは山間部を流れる河川において、大地震や豪雨が誘因となり崩れやすい山地（素因）が大崩壊して一瞬にして狭い渓谷に落下して河川を堰き止める現象である。

一方、河道閉塞は土砂を流送する洪水の流れが河床勾配に急に減少する変化点で徐々に土砂の流送力を失い土砂を堆積して河川の疏通断面を徐々に小さくして行く現象で、山間部でなく平野部で生起する現象である。また、河口部においては河川から海洋へと急に流速が変わるので堆積が進むので特に河口閉塞と称している。

河川という生物は水の流れる物理的な疎通断面ではない。生きていて常に変化してやまない。人々に恵みを与える時もあれば人々にとって恐ろしい荒びのキバをむくことも多い。

自然保護を訴える団体がその活動のシンボルとして可愛い小鹿のバンビのデザインを選んでいるようなものである。鹿が自然の山野の樹木の芽を食い

	天然ダム	河道閉塞
形成される位置	山間部で両岸がせまく急峻な地形のところ（V字渓谷）	平地部で河底勾配の急変部や支川流入部近傍等で急速条件が急に低下する所。河口部は特に河口閉塞という。
生誕 （素因と誘因）	（素因）崩れやすい地形・地質 （誘因）豪雨や地震による山地崩壊	（素因）上流部で両岸の山腹を浸食する河川 河床勾配の変化部 （誘因）洪水時に大量の土砂の流送と流速急変部での堆積
上下流の河川状態	上流にダム湖水の出現 下流に落差と漏水	上下流に水面変動はつくらない 河川の疎通断面の減少
河川の流況	（射流）	（常流）
生長	ダム堤体は大きくなることはない。 ダム湖は徐々に埋没	常時は大きくなり寄洲をつくって行く。 洪水時は奇洲を削っていく
災害をもたらす	欠壊すれば土石流となって下流に被害をもたらす	疎通断面が減少すると洪水が流下できずに氾濫する
将来の姿	集水面積が小さく、天然ダムが巨大な場合	○寄り洲が大きくなり、陸化し島となる
	○堰き止め湖○震生湖等として残る 集水面積が大きい、洪水量を安全に流下できなければ必ず欠壊する	○洲が洪水の度に大きく削られ、常時に又、洲がつく。繰り返す ○河川改修・浚渫等で除去する

つくし山野の裸地化の最大の外敵となっていることを知らない。底の浅い活動団体であることを世の中に表明しているようなものである。

見立てが変われば処方箋が変わる。脳梗塞の患者に心筋梗塞の手術をしても治らない。イノシシは田畑を荒し、突進して人に害を与える。イノシシは困ったものだどうにかしなければならない。

鹿は一見可愛い。神の使いである。大切にしなければならない。しかし山野の緑の大切な樹木の芽を根元まで食い荒らす。山地崩壊の害を与ぼすことに気がつかない。

イノシシも鹿も人々に大きな害を与えることには違いはない。しかし、その料理の仕方も味も違うのである。イノシシはサクラ肉となりボタン鍋となる。鹿肉はシシ肉と言うがサクラ肉より固くて味は落ちる。

似ているが異なるものにはそれに適した料理法が求められているのである。

河道閉塞は一般的には徐々に大きくなり大きくなれば寄洲となる。天然ダムは、天然ダムの物理的大きさ（堤体積）と集水面積から集めてくる流入量との比によりその後の天然ダムは欠壊するか、残るかの運命が分かれる。

堤体積（堰き止めている土砂量）が、流入してくる水量に比して十分に大きければ天然ダムは欠壊しない。その結果、堰止め湖として残ることとなる。

しかし、天然ダムの堤体積が流入してくる水量より有意に小さい場合はいずれ必ず天然ダムは決壊する運命である。

(3)「無明」からくる「大罪」

「天然ダム」という用語を今後持ちいず、「河道閉塞」にしたと決めて記者発表した当時の担当者達は、三つの用語についての知識と知恵が不足していたことを世の中に表明したことになる。

一つ目は「天然ダム」は正式な専門用語として既に定着していることを深く知らなかったと思われる。

日本は災害大国の宿命として全国各地で豪雨等で繰り返して天然ダムが出来、それについての先人の深い考察をまとめた学術論文等がいくつもあることを知らなかったと思われる。

従って、天然ダムに対する先人の知恵も学んでいないことを世にさらけ出してしまった。

河川工学は経験工学である。先人の貴重な経験と知恵を活かすことが最も重要な処方箋となる実学なのである。

二つ目は「河道閉塞」という用語も又、「天然ダム」と全く別の現象に対する正式な専門用語として既に定着していることについても全く知らなかったと思われる。

河川というものは、河道変遷を繰り返し、一時も同じでない生きているということについての認識が低いことを世の中に表明したことになる。

後白河法皇は院政を敷き、天下で自分の意のとおりにならないものは三つしかないかと豪語した。

一つ目はサイコロの目である。ヤクザの世界ではサイコロの目も少しイカサマをすれば自由自在になるのであるが、王道を歩んでこられた後白河法皇にとってはサイコロの目は自由にならなかった。

二つ目の叡山の荒法師は仏教の教えに支えられた強い信念と大変な難行の修行を重ねて鍛えてこられた腕力・武力にはホトホト手に焼いておられた。

問題は三つ目である、三つ目は鴨川の流れである。

京都盆地を洪水のたびに、西に流れを変えたかと思えば、次には東へ流れを変える。

鴨川の河道の変遷には手がつけられなかった。人の世の全ての権力を手に入れても大自然の営力である鴨川の河道変遷には打つ手がなかった。

自然の河川の営みの中で、日本の河川で際立って変動が顕著に見られるのが河道閉塞である。

日本の河川は世界の川と違って短く急流であると共に山地の土砂崩壊が激しく、大量の土砂を下流に流送し平野で堆積させる。

河道閉塞は土砂を流送する洪水の流れが河床勾配の変化点や河口部等で送流力を失い、大量の土砂を堆積し、河川の疏通断面を徐々に減少させていく現象である。特に河口部等で生じるものは、河口閉塞と称している。三つ目は、天然とか自然という概念を何か美しいもの人々に恵みをもたらすものとのみ認識している節がある。

自然に対する大きな認識間違いである。

自然の営みは、そのあらわれた現象には表裏二面性がある。

一つは人々に恵みを与える面、天恵の側面である。もう一つは、人々の生存と生活に大変な危害を与える自然災害・自然の荒びの側面である。

この天然ダムは天然という極めて良いイメージを与え大きな誤解を与えると考えた御人は、自然の営みの一面しか見ていないということである。自然の持つ「恵み」と「荒び」の二つの側面を忘れてしまっては困るのである。

天然ダムは良いイメージを与えると称していた御人は自然、天然の二つの側面のうち、一面しか理解できていないことを世の中にさらけ出してしまった。

以上おさらいをすると、今後は「天然ダム」と言わず「河道閉塞」と称することとしたと記者発表した人が犯した初歩的な三つの誤り
①「天然ダム」という立派な河川の専門用語としてあることを知らなかった
②「河道閉塞」は立派な河川の専門用語としてあることを知らなかった。その上、「天然ダム」と「河道閉塞」という二つの全く異なる概念を一つのものとして呼称することを社会一般に強制した。
③「天然」「自然」という概念を一面的なものとしてとらえ、自然の持つ人間社会に害を及ぼす面を強引に忘却させようとした。

(4)「土砂ダム」という用語は適切ではない

当時の12号台風による紀伊半島における「天然ダム」報道に関してマスコミが「土砂ダム」「土砂止めダム」とか「土砂崩れダム」等の誤った用語を多用していた。これは一刻も早く訂正すべ

きである。

理由1：「天然ダム」という用語は学会等で定着している堂々たる学術用語である。

理由2：「天然ダム」といわず「河道閉塞」と称することにしたいという意見があるが、「河道閉塞」という専門用語は全く別の天然現象である。

理由3：「土砂ダム」は英語に訳せば「アースダム」となってしまう。「アースダム」はダムの専門用語として既にある土砂を締め固めて人工的に築造した正々堂々としたダムである。

理由4：日本人のイメージとして、土砂災害を防ごうとする砂防ダムが「土砂止めダム」である。「土砂ダム」が危険だというイメージが形成されることは土砂災害から人々の安全を守る砂防ダムが危険だという誤ったイメージが形成されるので、非常に迷惑至極である。

理由5：大自然の営みで、人工の土木施設と同様なものをつくる。それらは天然○○と称している。例えば「天然橋」、「天然トンネル」、「天然砂利道」等々。

天然ダムは以上の用語等とも素直に馴染む。名は体を表すという。

天然ダムは人工のダムと対となる一番素直な名称である。先人の大変素晴らしい命名なのである。

次に専門用語等になれば良く聞かれる論議が英語ではどう表現するのかという。

天然ダムは landslide dam（or natural dam）、天然橋は natural bridge、天然トンネルは natural tunnel、そして天然砂利道は natural gravel road と記述されている。

日本は災害大国であり、日本語にあっても英語にない用語がいくつもある。砂防は sabo、津波はtunami、天井川はflying river等々日本語が世界共通語になっている。

我が国の国土は地形が急峻である上に地質が脆弱という素因がある。大地震や大豪雨が頻発するという誘因がある日本では、天然ダムは頻繁に出来て馴染みあるものであるが、世界的に見れば、非常に珍しいものと考えられている。

天井川のflying riverや天然ダムのland slide dam等も日本の専門家が英文論文を書く時に名付けた和製英語のようである。

日本は災害大国である。災害に強い国土形成を目指すのが土木技術者、特に河川管理に従事する者の重要な使命ではないか。用語がバラバラで定まらないようでは、知恵の結集もままならない。

私は「土砂ダム」等の用語は使用すべきでないと考える。「土砂ダム」は「天然ダム」と正しい名前で表現すべきだと思う。

第三章　民話・伝説が面白い

一、安来節の〝泥鰌（どじょう）掬い〟は〝土壌掬い〟

(1)「泥鰌掬い」と「土壌掬い」

島根県安来市には、有名な安来節がある。ねじり鉢巻きにひょっとこ面、お尻をかかげて中腰でザルを持ち泥鰌を掬う滑稽な仕草は、一度見た者には忘れられない郷土芸能である。これほど腹の底から笑いが込み上げてくる滑稽な郷土芸能は、他にない際立ったものである。

泥鰌は、本当に安来節の仕草のようにして捕らえるのであろうか。その道の人に聞いてみた。泥鰌は泥の中に棲んでいる。片方の端にザルか網を仕掛け、反対の方から泥の中を足で踏んで追い込んでいくのだという。追い込んだあとはザルか網を引き上げ、中の泥鰌をつまみ出すのだという。

安来節の泥鰌掬いは、なんとなく泥鰌の捕り方に近いようであるが、前半の一番大切な仕掛け、反対側から泥の中を足で踏んで追い込むプロセスが一切ないので、なんとなく腑に落ちないところがあった。さらに、柳川は泥鰌で有名だが、安来は泥鰌の産地としてあまり聞いたことがない。なぜ安来が泥鰌掬いなのか――この点も腑に落ちないと言えば腑に落ちない。たまたま安来のことを調べていくうちに、「泥鰌掬い」は「土壌掬い」ではないかという有力な説があることを知った。

安来市には飯梨川や伯太川が流下する。これらの川の上流は山陰の上質の磁鉄鉱地帯で、古くから川砂鉄の採取で有名であった。

安来節の泥鰌掬いの動作は、川砂をザルで掬い、掬った砂鉄を石やゴミと分別している所作なのだという。「泥鰌掬い」ではなく「土壌掬い」ということである。そういわれてみれば、安来地方は日本でも有数の上質な磁鉄鉱の砂鉄の産地である。古くからの砂鉄製錬のたたらの町としても有名である。泥鰌掬いではなく砂鉄の土壌掬いだという説には、妙に説得力があるのではないだろうか。

(2) 日野川の河童は砂鉄採取の民

安来市から日野川沿川には、多くの河童伝説がある。河童伝説は日本各地にある。河童は、日本の風土に溶け込んだ妖怪・謎の動物である。河童の正体は一体何なのだろうか。国際日本文化研究センターの小松和彦氏の説によると、河童の正体には三つの系統があるという。

①河童は人形が変じたもの（人形起源譚）
②祇園の子供である
③中国から渡来してきた妖怪

ここで注目したいのが、日本各地に広く分布している人形起源譚である。

人形起源譚は、「左甚五郎といった神格化された大工の棟梁たちが、どこそこの寺社、池や堤を作るというときに、人手が足りないので、藁人形や鉋くずの人形を作って働かせ、終わった後、それを川に捨てていたという。その棄てられた人形が河童になった」といったパターンのものである。類似のものとして、棄てられた子供のパターンもある。

①飢饉の際に山に捨てられたものの、自力で生き残った子供が河童になった。
②お金持ちに引き取られた子供が、座敷わらしに捨てられて河童になった等々。
③八戸の河童（メドツ）…左甚五郎が八幡様の本殿を建造する際に使役した木偶人形が変じたもので、本殿が完成し棄てられる際に、木偶人形が「これから何を喰えばいいのか？」と問うたところ、左甚五郎は「尻でも喰らえ」と答えたために、人を襲うようになったのだという。尻こ玉を喰らうために遊泳中の人を襲ったり、水を飲みに川沿いにきた馬が標的にされた。しかし、あまりにも多くの人を襲うので、八幡様が使いである鷲に河童を連れてくるように命じたが、河童はそれを拒んだため、鷲は河童を抑え込み、血が出るまで頭を突いた。だから河童の頭はへこんでいるのだという。

ところで、日野川には多くの渕があり、そこには河童伝説がある。日野川の河童の正体は、川の渕に堆積した川砂鉄を掬って採取する産鉄民なのではないだろうか。かつて日野川上流は砂鉄の山で、多くの労務者が山を崩し砂鉄採取に従事していた。そして、日野川の上流の砂鉄の山で採る所がなくなって失業した。

日野川は、洪水の度に多量の土砂が上流から下流に流出した。土砂の流送過程で、比重選鉱の原理で砂鉄と土砂が分離し、重い砂鉄は深い渕に堆積する。それらを山から降りてきた砂鉄民が、川の渕に入ってザルで掬い上げた。夏になるとやってきて、日野川筋の深い渕で危険を冒しながら川砂鉄を採取する砂鉄民の姿は、製鉄技術を知らない村人にとっては異様に怪しく、近づき難い存在だったのだろう。頬かむりをして潜り、ときどき口を尖らせて息継ぎをして砂鉄を掬い、夕方になると、ザルを背中に背負って山に帰っていったのだろう。背中のザルは河童の背中の甲羅、口はひょっとこ、頭は鉢巻――その姿は河童の姿そのものである。日野川の河童は、川砂鉄採取の民であり、川砂鉄採取の所作が安来の「泥鰌掬い」（泥鰌ではなく土壌）だったのである。

二、八岐の大蛇退治伝説大和説

(1)「八岐」の地は大和川の広瀬神社

日本最大の治水伝説は素盞鳴尊の八岐大蛇退治伝説である。この伝説の舞台は出雲地方の斐伊川ということが定説となっている。私は最近奈良盆地の大和川の治水伝説ではないかと思いだした。八岐大蛇とは集水区域の八つの川からくる洪水のことである。

斐伊川上流域の八つの支川とはどこのことか、五キロメートル以上の支川を挙げてみると、三沢川、大馬木川、雨川川、亀嵩川、下横田川、それに斐伊川を入れると六支川となる。六支川が全く違う所で合流している。この八岐とは八つの支川ということではなく、「八」はお江戸八百八町というように数の多いことを言っているので「八」の数字にこだわらないということなのかも知れない。

奈良盆地の諸河川は八つの川となって唯一の出口の亀ノ瀬峡谷に向かう。

八つの川とは、葛城川、曽我川、飛鳥川、寺川、初瀬川、布留川、佐保川、富雄川の八つの河川のことではないか、八つの河川が集まるところは河合であり、河合には奈良盆地最大の水の神を祀る広瀬神社があり、治水祈願の奇祭「砂かけ」の神事が伝わる。八つの川の集まるところは奈良盆地最大の洪水常襲地帯である。浸水低地ゆかりの地名のオンパレードである。八つの川は皆、ものの見事な天井川となっている。

ところで「フタマタ」（二股・二俣）とは、元は一つで末が二つに分かれるものである。「ミツマタ」（三椏・三叉）とはジンチョウゲ科の落葉低木で枝が一カ所で三つに分かれる。別々のところで分かれるのではない。「三叉錐」は三叉で戟（ほこ）の形をした錐である。一カ所で三つに分かれる。「ヨツマタ」（四叉）四つに分岐している四つ辻のことである。八岐大蛇（ヤマタノオロチ）のヤマタ（八岐）も一カ所で八つに分かれる所ではないか。斐伊川は支川は六つあるが、別々のところで合流している。大和川の河合の広瀬神社の位置

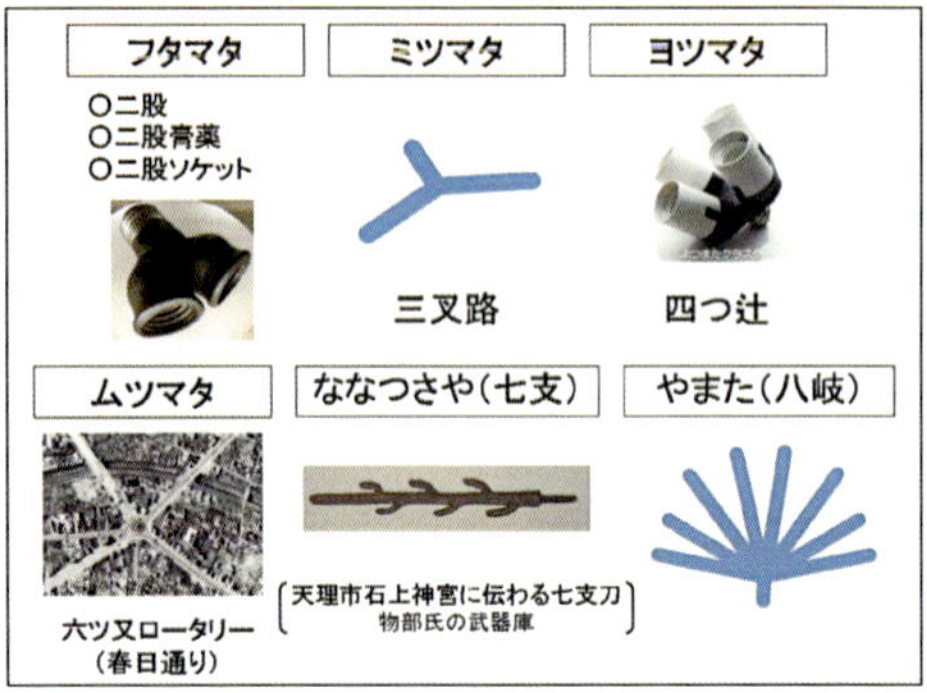

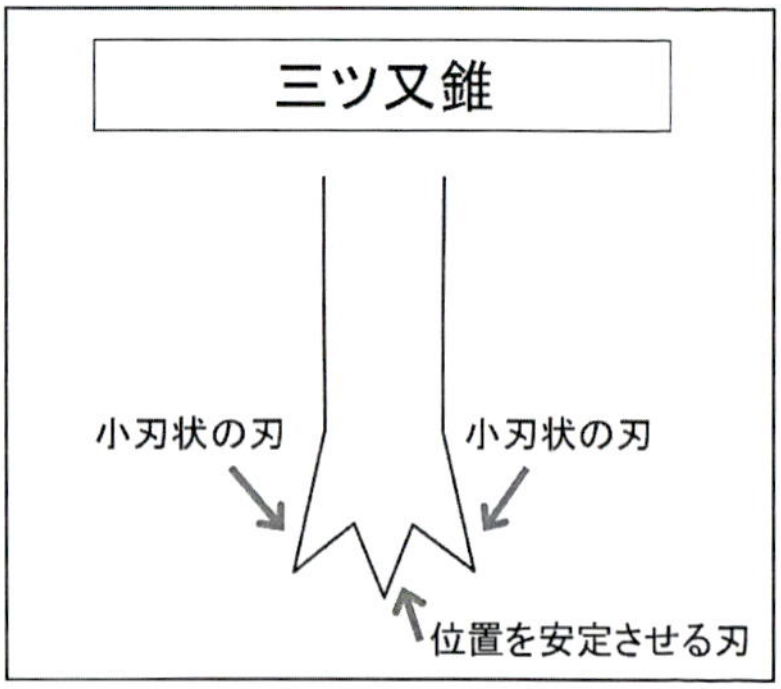

こそ「八岐」の地ではないだろうか。全国各地の河川で八岐の地は、大和川以外に無いのではなかろうか。

(2) 素盞嗚尊（命）と櫛稲田姫命を祭神とする神社が多くある

・奈良市三碓町（旧添下郡、後に生駒郡富雄村）の富雄川東方の小高い丘の麓に添御縣坐神社（そうのみあがたにいますじんじゃ）がある。祭神は建速須佐之男命、武乳速之命、櫛稲田姫之命である。

・生駒山口神社　生駒郡平群町櫟原五－一の祭神は素盞嗚尊と櫛稲田姫命である。

・天理市櫟本町櫟本字宮山にある和爾下神社は素盞嗚命と櫛稲田姫命を祀る神社である。

(3) 八つの流入支川には築堤の神様を祭る杵築神社が多くある

八つの流入支川には実に多くの杵築神社がある。祭神は素盞嗚命である。以下に列挙する。

・橿原市東坊城－（素盞嗚命）・大和高田市蔵之宮町－（須佐之男命／午頭天王社）・大和高田市東中－（素盞嗚命）・香芝市良福寺－（素盞嗚命／午頭天王宮）・田原本町矢部－（素

大和川の羽団扇（はうちわ）

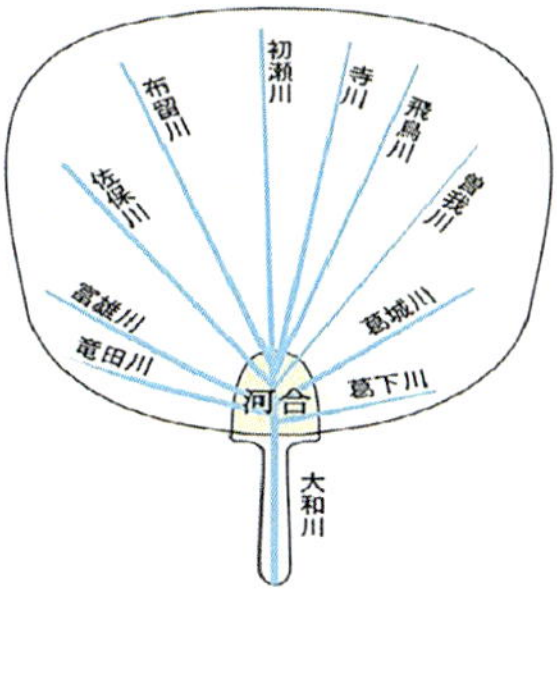

盞嗚命，大名持命／午頭天王社）・明日香村小山－（素盞嗚命（中世・午頭天王社・祇園神社／明治－八阪神社）・香芝市平野－（素盞嗚命）・川西町吐田－（須佐男命）・安堵町窪田（下窪田）－（素盞嗚命／午頭天王社）・三宅町屏風－（須佐男命／午頭天王社）・三宅町伴堂－（須佐男命／午頭天王社）・三宅町但馬－（須佐男命／午頭天王社）・香芝市狐井－（素盞嗚命）・田原本町今里－（素盞嗚命／午頭天王社）・安堵町窪田（中窪田）－（素盞嗚命）・天理市二階堂上ノ庄町－（大国主命／午頭天皇社）・天理市中町－（大国主命／午頭天皇社）・天理市南六条町－（素盞嗚命／午頭天王社）・大和郡山市駒町－（素盞嗚命／午頭天王社）・大和郡山市今田村町－（素盞嗚命）・大和郡山市椎本町－（素盞嗚命／午頭天王社）・大和郡山市小林町－（素盞嗚命／午頭天王社）・奈良市二名平野－（素盞嗚命，大国主命／午頭天王社）◎大和郡山市山田町の杵築神社－（素盞嗚命／午頭天王社）

八岐大蛇退治伝説…大和郡山市山田町（旧生駒郡矢田村山岡）の杵築神社には出雲の斐伊川の八岐大蛇退治伝説と同じ話が伝わっている。素盞嗚尊が大蛇退治の時腰をかけたという影向石や八岐の大蛇を埋めたという八ッ塚があると書かれたものがあったので、早速現地に行き神社にお聞きしたがそんなものは無いという。

◎大和川の下流、河内側にも杵築神社がある。

・柏原市安堂町二宮神社（杵築神社と春日神社を合祀したもの）－（素盞嗚命）・八尾市老原－（素盞嗚命／杵築神社）・八尾市佐堂町－（素盞嗚命／杵築神社）

◎大和盆地には杵築神社以外にもスサノオを祭神とする神社が杵築神社以上に多くある。

○天理市成願寺町 －素盞嗚神社○天理市新泉町－素盞嗚神社○天理市兵庫町午頭 － 素盞嗚神社○天理市佐保庄町 － 素盞嗚神社○河合町穴間－素盞嗚神社○三郷町信貴南畑－素盞嗚神社○平野町久安寺－素盞嗚神社○斑鳩町服部－素盞嗚神社○斑鳩町法隆寺字白石畑－素佐男神社○斑鳩町興留－素盞嗚神社○田原本町蔵堂－須佐之男神社○田原本町阪手南－須佐之男神社○田原本町東井上－須佐之男神社○橿原市五条野－素盞嗚神社○桜井市三輪－素盞嗚神社○桜井市江包－素盞嗚神社○桜井市慈恩寺字天王－素盞男神社○桜井市初瀬－素盞雄神社○天理市武蔵町 －須佐之男神社○天理市上総町－素盞嗚神社○大和郡山市番匠田中町－素盞嗚尊神社○大和郡山市上三橋町－須佐之男神社○大和郡山市横田－素盞男神社○大和郡山市新庄町－素盞嗚神社○生駒市鹿畑町－素盞嗚神社○奈良市忍辱山町－素盞嗚神社

その他○高取町寺崎－素盞嗚神社○宇陀市大宇陀区小附－須佐之男神社○高取町与楽－素盞嗚神社○高取町森－素盞嗚神社

◎安堵町の二つの杵築神社

大和盆地の諸川が集まるところには杵築神社が祠られている。堤防築造の神である。

水不足の雨乞いの神社でもある。

中窪田の杵築（さつき）神社

下窪田の杵築（さつき）神社

屛風の杵築神社

伴堂（ともんどう）の杵築神社

◎三宅町の三つの杵築神社

・伴堂（ともんどう）の杵築神社（伴堂池の築堤の歴史が伝わる）・但馬の杵築神社（雨乞いが伝わる）・屛風の杵築神社（雨乞いのおかげ参りが伝わる）

(4) 綱掛神事（川切り）が伝わる

○奈良盆地に流下する河川が山間部から平地部に入る手前の山間峡谷部に、川切り勧請縄掛け（綱掛け）の神事が伝わっている。山間部から押し寄せてくる洪水等の諸々の災禍を悪魔と見たてて、それが浸入してくるのを防ぐことを願かけたものと考えられる。

但馬の杵築神社

◎綱掛の神事が八つの流入支川にある

○明日香川の（稲渕）と（栢森）に綱掛の神事が伝わる。明日香の上流からの洪水（大蛇）がやってくることをここで止める神事である。

○桜井市の江包の素盞嗚神社と対岸の大西の市杵島神社で綱掛祭りがある。素盞嗚尊と稲田の結婚式とされる。綱は周囲四～五メートル、重さ六百キログラム、尻尾は百メートルもある。蛇の形である。

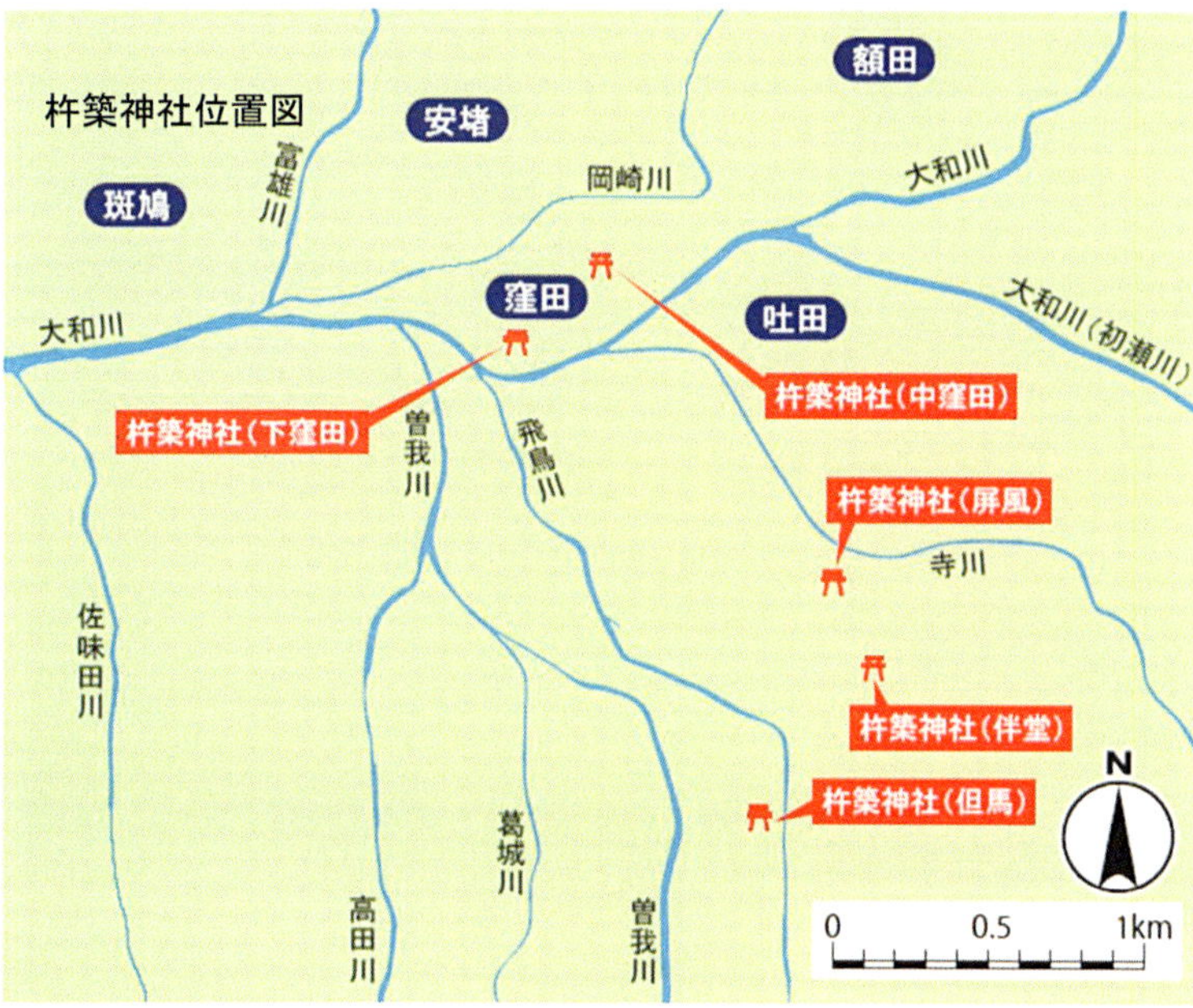
杵築神社位置図
安堵
額田
斑鳩
富雄川
岡崎川
大和川
窪田
吐田
大和川
大和川(初瀬川)
杵築神社(中窪田)
杵築神社(下窪田)
曽我川
飛鳥川
杵築神社(屏風)
寺川
佐味田川
杵築神社(伴堂)
杵築神社(但馬)
N
葛城川
高田川
曽我川
0
0.5
1km

杵築神社位置図

奈良盆地・川切り勧請縄掛け・綱掛け 二十神事

住所	主たる場所	地域	祭礼・祭事・行事	付随行事	祭月	祭事日 (H24.12 現在)
高市郡明日香村稲渕	稲渕 飛鳥川	明日香	男綱勧請綱掛神事		1月	11日→成人の日
高市郡明日香村栢森	稲渕 飛鳥川	明日香	勧請縄の綱掛け	女（雌）綱、ミカンオソナエ	1月	11日
天理市藤井町	藤井町	天理山間	カンジョウナワ掛け	ヤドが樒葉垂れの房飾り	12月	8日
天理市藤井町	藤井町	天理山間	カンジョウナワ掛け	杉葉垂れ房飾り	1月	8日
奈良市大柳生町	塔坂、大西、西、下脇４垣内	奈良山東	蛸勧請縄	農具ミニチュアのスキ、クワ掛け	1月	7日→第一月曜日
大和郡山市矢田町	東明寺境内社八坂神社	郡山	東明寺の綱掛	松垂れ房	1月	11日→成人の日
桜井市江包・大西	春日神社・杵島神社	初瀬川	男綱・女綱掛			
桜井市修理枝	八王子神社	桜井山間	新嘗祭の神綱祭	松葉房の垂れ飾り（閏年は１３本）	11月	12月8日→11月23日
桜井市修理枝	八王子神社	桜井山間	初田祭の神縄掛祭	ヤブニッキ房の垂れ飾り（閏年は１３本）	1月	8日近い日曜
桜井市小夫神前田	小夫天神社	桜井山間	神綱掛け	松葉垂れの房飾り	12月	8日→2日～8日間の日曜
桜井市小夫神前田	小夫天神社	桜井山間	神綱掛け	樒葉垂れの房飾り	2月	8日→2日～8日間の日曜
桜井市針道	針道八井内集落	桜井山間	カンジョウナワ掛け	古文書掲げ送り	1月	第二日曜
桜井市北白木	北白木（元安楽寺）	桜井山間	八日講の勧請縄掛け	八日講の行事	12月	8日
生駒郡平群町椣原	椣原金勝寺 富雄川	平群	勧請縄掛け	蛇（龍）を表す男綱と女綱、龍淵水神信仰	1月	3日
天理市下仁興町	カンジョウ場	天理山間	神綱掛式	松葉垂れの房飾り	12月	8日
天理市下仁興町	カンジョウ場	天理山間	神綱掛式	樒葉垂れの房飾り	2月	8日
天理市上仁興町	上仁興釈尊寺	天理山間	勧請縄掛け	八日講の行事、松葉房の垂れ飾り	12月	8日
天理市長滝町	長滝九頭神社・地蔵寺	天理山間	正月ドーヤ	マトウチ、鬼打ち、カンジョウナワ掛け	2月	5日
天理市苣原町	カンジョウ場	天理山間	カンジョウの綱掛け	松葉房の垂れ飾り（閏年は１３本）	12月	16日
天理市苣原町	カンジョウ場	天理山間	カンジョウの綱掛け	樒葉房の垂れ飾り（閏年は１３本）	2月	6日

（郷土史家・田中正人氏の調査による）

三、敗者の歴史・千方伝説が面白い

藤原千方伝説の甌穴《おうけつ》　血首ケ井戸さらえの雨乞い

伊賀市の高尾に伝わる藤原千方伝説は、実に興味がつきない。その中の一つが床並川の血首川井戸さらえの雨乞いの行事である。

地元の藤原千方伝承会の中本美一会長から平成二十年七月二十七日（日）、八十年ぶりに血首井戸さらえの雨乞い行事を行うので是非共参加してほしいとの話があった。

十年来藤原千方伝説による地域おこしを提唱してきた者として、喜んで参加させていただいた。最大直径約一・五ｍ、深さ約四ｍであった。実に見事なポットホールである。その後、中本会長はマスコミ等の質問攻めにあった。

一番多かった質問は、この甌穴は日本一なのかという質問である。私も聞かれた。秩父の長瀞の甌穴と比較して間違いなくこちらの方が大きいとは言いきれないので、私としては日本で最大級の甌穴である、という表現しか当日は答えられなかった。その後、中本さんから、日本の甌穴のギネスとかランキングをしてもらえないだろうかという話があった。しからば、日本の甌穴をもう一度調査し直してみますということにした。

◎秩父長瀞の甌穴

所在地　秩父郡長瀞町大字井戸

河床の一定箇所に転石等が長期間滞留すると、流水の浸食作用や、水圧により転石の振動による摩耗で、岩盤上に次第にうず巻状の穴をうがっていくことがある。こうしてできた穴を甌穴という。地方ではその形態から、鍋穴とか、釜穴と呼んでいる。

長瀞付近の荒川沿岸の岩盤上や、稀には転石上に、大小さまざまの甌穴が認められるが、ここの甌穴は、その規模の大きいことで日本一の定評がある。直径上部一・八メートル、中〜底部一・四メートル、深さ四・七メートルである。

岩質は緑泥片岩で、甌穴の位置は現在の河床より約七メートル高く、穴は垂直でなく、上流に傾いていることと、底部の中央部が高く周辺がくぼんでいることが注目に値する。

発掘の際、甌穴をうがつ原因と思われる大きな玉石一五〇個のほか、洪武通宝（中国の貨幣＝約六〇〇年前）二枚が発見された。

◎千方将軍はこの地の古文献に取り上げられている。まずそれを見てみる。

○『伊水温故』（抜粋）三國ケ嶽千方将軍籠居ノ地ナリ。

谷ハ南北二十五間、東西八間ノ屋舗跡有、北向ナリ。石柱二本有、長一丈、一本ヲ折タリ。村上天皇ノ御宇ニ藤原千方正二位ヲ聊望セシニ其無甲斐成ケレバ、是ヲ逆心シテ日吉ノ神輿ヲ取奉、三國ケ嶽ニトリ籠。千方ニ従處ノ山法師、山注記。三河坊・兵庫ノ賢者・筑紫坊、此四人彼ニ従。此法師ガカ大木ヲ倒、勢岩石ヲ破、故ニ官軍多ク討テ既ニ引退べキ處ニ、討手ノ大将紀朝雄六根清浄ノ中臣祓ヲ誦シ、神功ナラビナカリシニヤ、千方終ニ柳下ニ縊果ニキ。其所ヲ逆柳ト申テ唯今東條ガ宅地ウラト覚たり伊勢甲和郷ニモ遺跡アリナリ。藤原千峯ト言者ノ子ニテ鎮守府将軍ニ至ル。以上

◎『准后記』○伊陽三國嶽記には

三國嶽領地目録寫

一、三國嶽由記聞取遠き国尋当山ハ元甲岳とも亦浅霧山と云当山開邑ス、頂巳尋年甲嶽ニ天之常立尊五代尊意富斗能地神尊、大斗久辮尊拾九代尊、天之吹男神、甲岳御留給ひし後十百年後人皇七代孝霊天皇の御代伊賀國吉詳姫、伊勢國分至テ伊賀國トス

山城國相楽郡大川原村山管津久田谷ハ國境北近江國甲賀郡大神山南流ヲ國境トス東伊勢國布引山西流國境トス、東伊勢國甲嶽峯北流トシ伊賀領地三國嶽ト云フ人皇四拾三代元明天皇和銅年間の事なり三國嶽比半分霧生村領地なり霧生村御開祖人、人皇四拾代尊天武天皇大海人浄見原の御宮様の御来御代なり、大海人皇子浄見原尊待従尊大和國宇多村字陀作杉ハ待ハ官位昇リ奉徃従寶泉含人ト言人、霧生御開キマ志マス一寺佛創立せんと天照寺号霧生山ト大本尊を大和國三輪慶田寺傳来佛トス三國嶽留天之吹男神天之字頂キ天照寺トス此甲岳ニ鎌足大識冠藤不比等後胤門守軍将千方左衛門尉千常の二男俵藤太秀郷子孫藤原千方従二位将軍　天皇尊逆心ニテ勅命蒙り河内大領紀友納言　従者トシ　霧生、種生、諸木、腰山郷徒従軍シ千方討ツ霧生村福山矢屋郷松室丹保氏　森地字近郷上田加賀三助、岡隼人、高尾清弥、結城門助、大原、岩脇、種生大竹生大竹、小竹　諸木諸木興之助、喜多澄長ハ紀友納言従かへ千方討取べし氏神武蕾槌命鹿嶋神社なり氏神頃人皇四十四代尊　聖武天皇天平十二辰年五月廿七日御くせ志間申上奉つる

東鑑永閑記寫之

中出清閑博霞

天正十三年寫　　口撰日信
翠岫直人書写
○古今和歌集序聞書三流抄（抜粋）
又問、何ヲ以テ鬼神ノ歌ニ愛ヅルト言哉。答云、鬼神ノ歌ニ愛ヅル事、日本紀ニ見エタリ。天智天皇ノ御時、藤原千方将軍ト云人アリ。此人、伊賀・伊勢両国ヲ吾儘ニシテ天皇ニ随ハズ、仍テ時ノ将軍ヲ差遣ハシテ是ヲ責ケレドモ叶ハズ。身ヲ金ニシテ箭モ刀モタタズ。一鬼ハ数千騎ガ前ニ立テ勢ヲ立隠シ、各カクノ始ク徳アリ。然ル間、攻ル事力ニ及バズ。此時、紀朝雄中納言ヲ大将トシテ千方ヲ攻レドモ叶ハズ。朝雄思ヘラク、鬼神ハ極テ心直ナル者也。サレバ千方ガ梟悪ヲ真ト思フテ王命ヲ背ケリ。去バ真心ヲ知セント思ヒ、一首ノ歌ヲ読テ彼鬼ドモノ中ニ遣ス。土モ木モワガ大君ノ国ナレバ何クカ鬼ノ宿ト定メン其時、鬼ドモ千方ガ梟悪ヲ悟テ捨去リヌ。其時、千方ヲバ金淵城へ追ヒ籠テ打卆。是、鬼ノ歌ニ愛ル証拠也

「これらの古文献の記述より浮かび上がってくる藤原千方はどのような人物だったのか？坂東の「平将門」や伊予を中心に活躍した「藤原純友」と比しての勝るとも劣らない、大変な、伊賀地方の大英雄だったことが分かる。これらの3人の大英雄は共に大和政権から政敵の賊として征伐され敗者となった。「平将門」や「藤原純友」はまだ歴史に名前が伝わるが「藤原千方」は名前すら出てこない。その理由は、「平将門」や「藤原純友」の活躍した地は大和から遠い辺境の

地であった。しかし「藤原千方」は大和に近接する伊賀の地であったから、余計に目障りであったので。徹底的に歴史から抹殺されたのではなかろうか。伝説でのみ伝えられている。敗者の伝説が伝える歴史が重要で面白いと考える。」

コラム
阿保千方湖物語

私は三重県青山町の現地風土調査をした時に、ご当地に千方伝説がある事に気が付いた。千方伝説に取りつかれた。千方伝説に関係があるところの現地をくまなく歩いた。

当初は川上川・前深瀬川流域（青山町）だけかと思いきや。隣接する名張川・比奈地川流域（名張市）や雲出川流域（美杉町・白山町）にもまたがる実に広域に展開された壮大な伝説である。

有名な桃太郎伝説は吉備の鬼退治の物語である。この千方伝説は桃太郎伝説よりスケールが大きい物語である。

千方伝説は敗者が伝えている史実であると確信するに至った。これを物語化することにより、この伝説の極めて高い価値を多くの方に理解してもらいたいとの思いで『阿保千方物語』を創作した。ストリーは章節のみを記しておく。

①息速別の命　②藤原千方の国づくり　③都の水不足　④朝廷内の陰謀　⑤千方と四鬼の攻めの戦い　⑥紀友雄の勝利　⑦英雄・千方の伝説

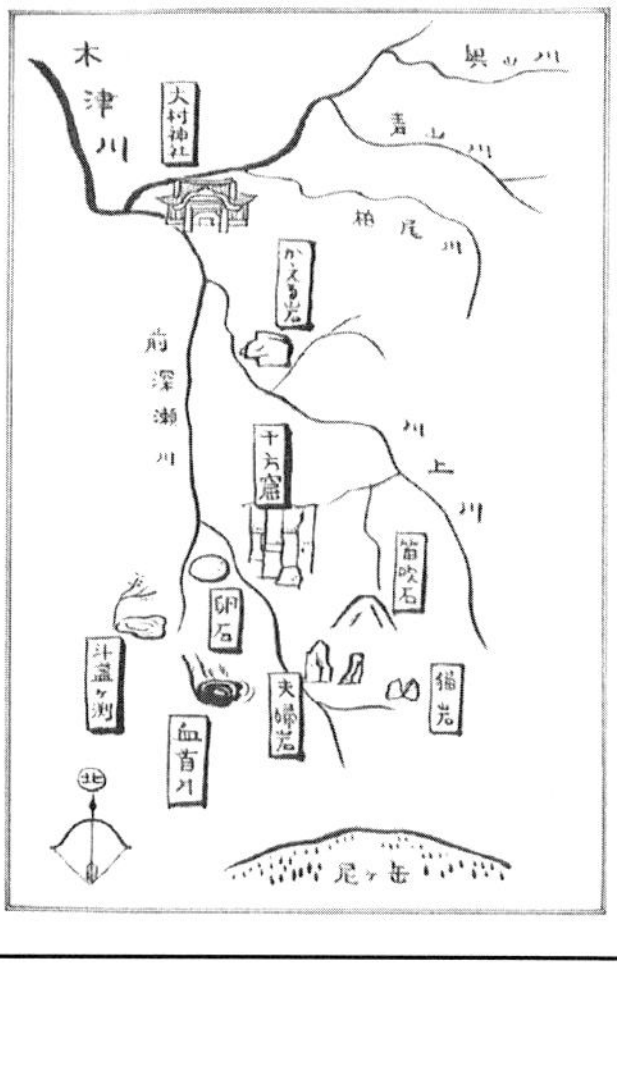

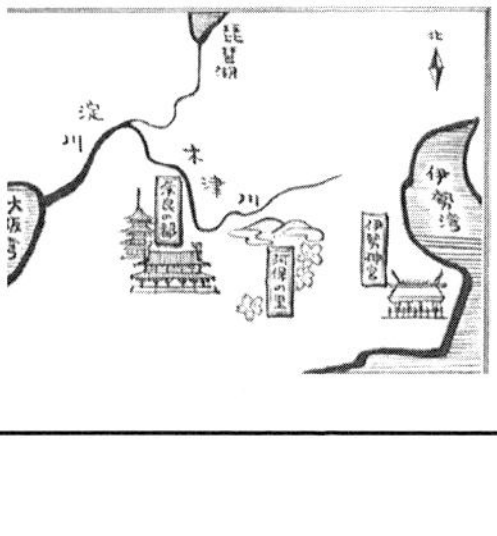

◎新聞記事を拾い読み

○「80年ぶりの雨ごい行事」○「雨ごい」で地域おこし○ 巨大甌穴を計測 ○ 伊賀高尾地区の「血首ヶ井戸」

昭和初期まで雨ごい行事が行なわれていた。約八十年ぶりとなる雨ごいを地元住民約百人が参加して復活させた。場所は伊賀市高尾の床並川の川底の甌穴（ポットホール）である。この甌穴は直径一・二一・五メートル、深さ四メートルの日本有数の巨大甌穴で出来るまで数千年はかかっている。この甌穴は平安時代に朝廷と激しい戦いを演じた。この地の豪族・藤原千方と四鬼が敵の首を投げ入れたとされる伝説から「血首ヶ井戸」と称されている。又、敵の首が石になったと言われ、卵石と呼ばれている。この甌穴の中にたまった卵石を取り除くと千方が怒って雨を降らせるという伝説に基づいて、雨不足の時には、甌穴の水や石を取り除いて、この石を穴の上流端においておくことにより、石は次の雨で井戸に戻される。この降雨を願う雨乞い行事が行なわれてきたという。

藤原千方将軍＝藤原秀郷の孫といわれ、伝説の人とも入れているが太平記に登場している。中央政権に歯向かい、敗戦したといわれているが、地元には人気があったようで、各地に千方にまつわる話や縁（ゆかり）の場所が伊賀南部、伊勢一志に伝説が多い。

名張市滝之原の赤岩尾神社、高尾の黄金塚、血首井戸、三国山千方屋敷、霧生の五輪塔、一志郡城立の千方城、同君ヶ野の千方屋敷などだ。全くの架空の人物なら、各地に縁の場所はないはず。

甌穴について語る竹林征三

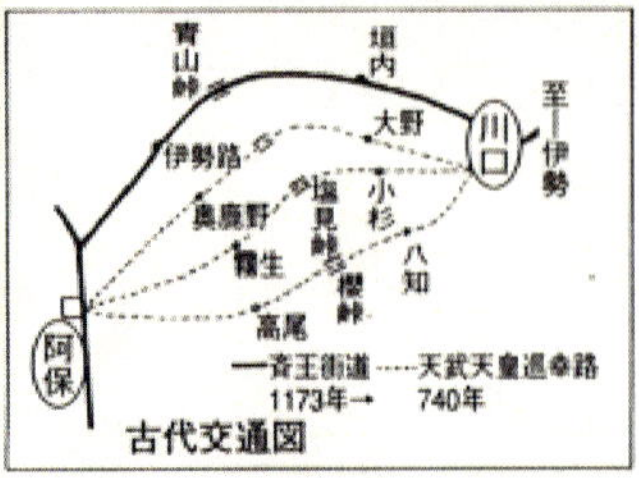

阿保地区は古代大和と伊賀の交通の要衝だった

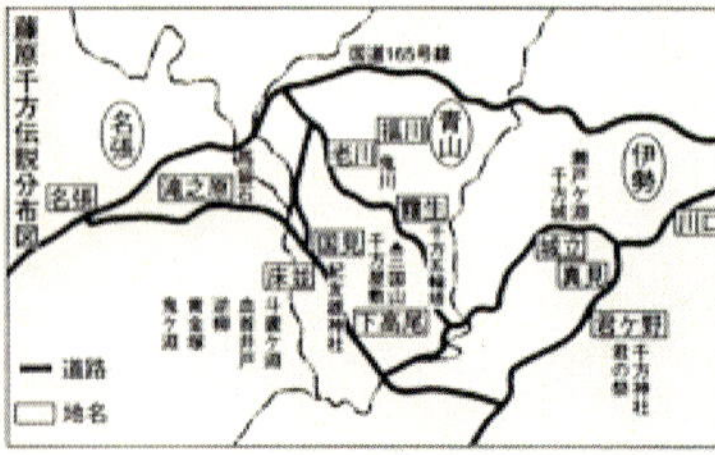

千方の伝説のある土地

『雨ごいで地域おこし』

床並川・甑穴　石取り除いて願う

80年ぶり復活

五千年かけて造った自然の芸術

日本一　逆柳の甑穴（血首井戸）

（伊賀市高尾）

卵石（雨乞い石）
甑穴に入っていた石。萬松寺の庫裏左手横にある。横30㌢、縦20㌢ぐらいの大きさ。首の化身といわれ、12個あったうちの一つ。

アドバンスコープ　ケーブルテレビ番組ガイド　情報彩時記二〇一二年七月号

P六－七「わたしのまち自慢・五十年かけて造った自然の芸術」（画像）

雨ごいで地域おこし…新聞切り抜き（七月二十八日　毎日）

全国の甌穴（ポットホール）調査（一次）

国指定天然記念物

名称	数・規模	位置	地質概要	何がすごいのか	出典
厳美渓の甌穴		岩手県一関市	栗駒山の噴火によって堆積したデイサイト質凝灰岩が、磐井川の流水によって侵食され、形成されたものである	古くから景勝地として親しまれ、一帯を治めた伊達政宗もこの地を賛美している	※1伊藤隆吉（1980）「日本のポットホール」古今書院、http://ja.wikipedia.org%E5%8E%B3%E7%BE%8E%E6%B8%93
紅簾石片岩とポットホール	1・直径1.8m、深さ4.7m(3.807?)。荒川の河床面から10m程上位にある	埼玉県秩父郡長瀞町	秩父中古生層長瀞町緑泥片岩。岩畳や赤壁と呼ばれる岩壁もあって、荒々しい渓谷	日本一の大きさ	http://odekake.jalan.net/spt_11363af2170019384.html http://homepage2.nifty.com/yt-tkktk/page220.html
田代の七ツ釜		新潟県魚沼群津南町	右岸が切り立った断面層、左岸が縦層という学術的にも大変珍しい景観	大蛇との約束を破り「投網」を打ったため大蛇の怒りを買い命を失ったという「七ツ釜の伝説」がある	※1 http://www.naviu.net/nanatugama/nanatugama.htm
平根崎波蝕甌穴群	無数。完全に近いもの78・直径10cm～4mの無数の波蝕甌穴群	新潟県佐渡市戸中平根崎海岸	相川地区戸中の平根崎海岸にみられる、波浪によって生じた岩盤侵食現象の一つ	川床ではなく海岸にこれだけの穴が空いているのは珍しく、数の多さでは世界有数。波蝕甌穴群	http://domestic.travel.yahoo.co.jp/bin/tifdeail?no=jtba0902990&genre=10&t=a&ref=a4k15ls&la=1508、http://www.city.sado.niigata.jp/sadobunka/denbun/bunkazai/kuni/kinen/kuni30.htm
加賀山科の甌穴（伏見川）	数多く、直径20cm～40cm、深さ30～50cmの円筒状やかめ穴状のもの	石川県金沢市山科町	伏見川の大桑層分布地は流れが速いので甌穴が形成されやすい	甌穴と貝化石がある	http://bochibochi9.hp.infoseek.co.jp/satoyama/yamasina/yamasina1.htm
飛水峡の甌穴群	径1m以下の1000個以上にもおよぶ甌穴群	飛騨川の岐阜県賀茂郡白川町から七宗町に渡る	美濃帯堆積岩を構成するチャートと砂岩からできている。	七宗町上麻生の飛騨川河床には、日本最古の岩石を含む上麻生生礫岩が分布。	http://ja.wikipedia.org/wiki/%E9%A3%9B%E6%B0%B4%E5%B3%A1、http://chigaku.ed.gifu-u.ac.jp/chigakuhp/html/kyo/chisitsu/gifunochigaku/scenic_spots/hisuikyo/index.ht
鬼の舌振	全長2.4km	島根県仁多郡仁多町		与謝野夫妻も訪れ、この地の印象を詠んでいる。また全長2.4kmのうち1.2kmはバリアフリー歩道として整備される	※1 http://homepage.mac.com/motoiaraki/hiba2/oni.html

八釜の甌穴群	多数の甌穴群が約 80m にわたって分布・中央部に並ぶ 8 個の甌穴（八釜）は最大径 10m。等間隔にやや千鳥足上に並んでいる	愛媛県上浮穴郡柳谷村。仁淀川の面河川の支川黒川	八釜地域で秩父帯チャートからなる岩盤。多数の甌穴が集中的に形成されたのは、この付近のチャートに垂直性節理がよく発達しているためと考えられている		http://nippon-kichi.jp/article_list.do?kwd=872
斑島の巨大ポットホール	口径約 1m、深さ約 2m	長崎県小値賀町	岩流でできた平坦地。穴の側面には亀裂があって、常に海水が出入りしている。怒涛岩を噛む時、玉石は出入りする海水の勢いで回転し、周囲の岸壁を削り取り、なおも深く甌穴を掘り下げる。		http://www.nagasaki-np.co.jp/kankou/tanhou/goto/history/65.html
耶馬渓・猿飛千壺峡の甌穴	直径 1m、深さ 2m 程度	大分県中津市	変朽安山岩・猿飛の甌穴郡	野猿が飛びかうという奇岩の造形群神仙境のおもむき	
日向関之尾の甌穴	数千個が散在・最大幅 80m 長さ 600m の世界有数の甌穴群と言われる。大きいものは 3m をこえる	宮崎県北諸県郡荘内町・都城市関之尾町大淀川の支川壮内川	甌穴は、11 万年前に形成された火砕岩の一種である溶結凝灰岩が河床に横たわり、岩の割れ目が砂や小石を含んだ水の侵食作用により長い年月をかけて形成されたもの	フランスのボンデーヌのものより大きく、地質学の権威者によると世界一といわれている	※ 1 http://www.ajkj.jp/ajkj/miyazaki/miyakonojyo/kanko/sekinoo_taki/sekinoo_taki.html、http://www.gurunet-miyazaki.com/kankouti/kensei/sekinoo/sekinoo.html

県指定天然記念物

名称	数・規模	位置	地質概要	何がすごいのか	出典
四万の甌穴	最も大きなものは直径 3m、深さ 1.5m	群馬県中之条町			http://www.kazetayo.net/hostpot/w01_03.html
名勝奥津峡の甌穴群	十数個・笠ヶ滝般若寺を経て臼渕まで延長 3km に亘って十数個の甌穴直径 5m、深さ 5m（18.75）	岡山県苫田郡鏡野町	奥津川が花崗岩の峡谷を侵食してできた、巨岩あり、滝あり、渕ありの変化に富んだ延々 3km に及ぶ渓谷にできた甌穴	東洋一の甌穴。・笠ヶ滝の甌穴 4 ヶ、・般若寺の甌穴 3 ヶ、・臼渕の甌穴 6 ヶ	http://www.pref.okayama.jp/seikatsu/sizen/hyakusen/hyakusen/087okutukei.html

東城川の甌穴	八ヶ所の谷底に集中。約 180 ヶ所	広島県庄原市東城町	最大直径 2.5m、深さ 1.5m	新第三系砂岩	
栗谷蛇喰盤の甌穴	延長 80m、	広島県大竹市栗谷町弥栄峡の上流、小瀬川と玖島川の合流点	河床の岩盤が長年の浸水の侵食で大小多数甌穴を形造られた		※ 1、http://www.nihon-kankou.or.jp/soudan/ctrl?evt=ShowBukken&ID=34211ab2070130542
二級峡と甌穴	無数の甌穴・峡谷の長さ 300m	広島県呉市広町および郷原町	黒瀬川の侵食によって形成された峡谷で、S 字状の曲線で何段にも滝を形成しながら後退する		※ 1、http://www.kurenavi.jp/html/m000082html

市町村指定天然記念物（有形文化財）

名称	数・規模	位置	地質概要	何がすごいのか	出典
「巨大ポットホール」・大明神淵一帯	1・直径 7m、深さ水面下 1.5m・岩底から最上部までが 7m	長野県豊岡村	比較的固く、均質性の高い岩盤に形成されている。豊丘村のものは中に岩盤を削る石（ドリルストーン）が存在するため、進行型といわれる		http://www.vill-toyooka.jp/index.html、http://www.minamishinshu.co.jp/news2005/2/25n2.htm
床並川・斗夋ケ渕血首井の雌・雄の井戸	1・直径 1.5m、深さ 4.5m 以上（現在も完全な姿で生成進行中）	三重県伊賀市高尾		藤原千方伝説、血首井の雨乞い行事	http://www6.ocn.ne.jp/~oogita/framepagemieken.htm
保戸野渓谷甌穴群		愛媛県新居浜市別子市			http://www.city.niihama.lg.jp/uploaded/life/1149_14774_misc.pdf

その他

名称	数・規模	位置	地質概要	何がすごいのか	出典
湯西川一ツ石付近の甌穴		栃木県日光市(旧栗山村)		湯西川の流れの中央に立つ。一ツ石地区には奇石が多く存在する（写真あり）	
群馬吹割の滝の甌穴	無数	群馬県沼田市利根町		吹割渓谷と吹割の滝、侵食作用がおりなす奇岩・甌穴、大手を広げて落ちる瀑水が絶景（年間百万人）	注・吹割の滝が国指定天然記念物
吾妻渓谷瀧の剣磨と横甌穴		群馬県長野原町		縦方向ではまく横方向の甌穴は極めて珍しい	注・吾妻峡が国指定名勝
甌穴の母体淵		山梨県山梨市三富上釜口		日本の滝100選にも選ばれている七ツ釜五段の滝の近く	http://4.hobby-web.net/~kaidosun/nanatsu/nanatsu7.html、http://www8.plala.or.jp/takimi/kengai_taki/nanatugamagodan_nisizawa.htm
木曽寝覚の床（大釜、小釜）		長野県木曽郡上松町	木曽川の渓流に、幾重にも層をなした花崗岩が連なる。	浦島太郎の伝説がある	http://www.localinfo.nagano-idc.com/kiso/kanko/spot/nezame/
七宗ダム下流田島の甌穴		岐阜県金山町田島七宗ダム下流	濃飛流紋岩の礫岩だ分布。火道角礫岩でできた甌穴		
振草川の煮え渕の甌穴群	直径1m以上のもの5つ	愛知県北設楽郡東栄町	花崗岩質で方状節理		
振草川の預り渕の甌穴群	直径2m内外のもの6つ	愛知県北設楽郡東栄町			
立石の甌穴	約600余り	長崎県佐世保市吉井町大渡佐々木川		ポットホール公園として整備されている500m	http://www.yado.co.jp/kankou/nagasaki/hirasas/pothool/pothool.htm

第四章　大地の記憶・地名を考える

一、談合地名

(1)『衆中談合一味神水』碑

次に土木に縁の深い談合地名を考えてみたい。そもそも談合とはどのような概念か。富士山の宝永大噴火で裾野市や小山等では火山灰で二〜三メートルも積もった。これまで移住することを激しく禁じてきた幕府も、復興に向けて一切打つ手がなくなり、住民は好きな所に勝手にバラバラに村を放棄しても良いということにした。それを亡所という。

亡所から復興するにはどうするのか、村人が困った時には神社に集まり談合を重ねて、意見の一致をみると、社前の水（お神酒）を飲み交わし復興の団結をはかってきた。「衆中談合一味神水」という小山町阿多野天神社に高さ四・五メートルの立派な談合碑が建立されている。

そもそも談合とは何か？ **談合の反対の概念は専横であり、競争の反対の概念は譲り合い**なので、談合とは大切な善の知恵なのである。

『衆中談合一味神水』の碑

室町時代の村の人々は、大切な問題が起こると神社に集まり談合（話し合い）を重ね、意見が一致すると皆で社の水を汲んで飲み交わし団結を誓った。

昨今、談合は悪で、競争は善というとんでもない誤った風潮をマスコミが作り上げてしまっ

た。談合程素晴らしいものはないのに現在、世の風潮が奨励する金儲けのための競争入札は悪である。金儲けの競争は悪で、良いことの競争は善である。談合くらい素晴らしい概念はないのである。

日本の地名は好字二字で付けられた。

『誇り高い「談合」地名が語る歴史ロマン』

マスメディアがつくる世の風潮は、談合と言えば悪の象徴となる。談合は罪悪のシンボルとされてしまったようだ。談合とか示談とかは日本の歴史文化上、混乱を解決し円満に治める最も重要な先人の質の高い知恵であった。

地名は先人が残してくれた最大の文化遺産である。地名は大地の記憶である。全国各所に談合地名が残されている。今も残る談合地名の地は、昨今談合は社会悪の風潮のもと、大変悪いイメージで思われ、大変面白くない肩身の狭い思いをしている。全国の談合地名からのメッセージを訪ねて見ることとする。

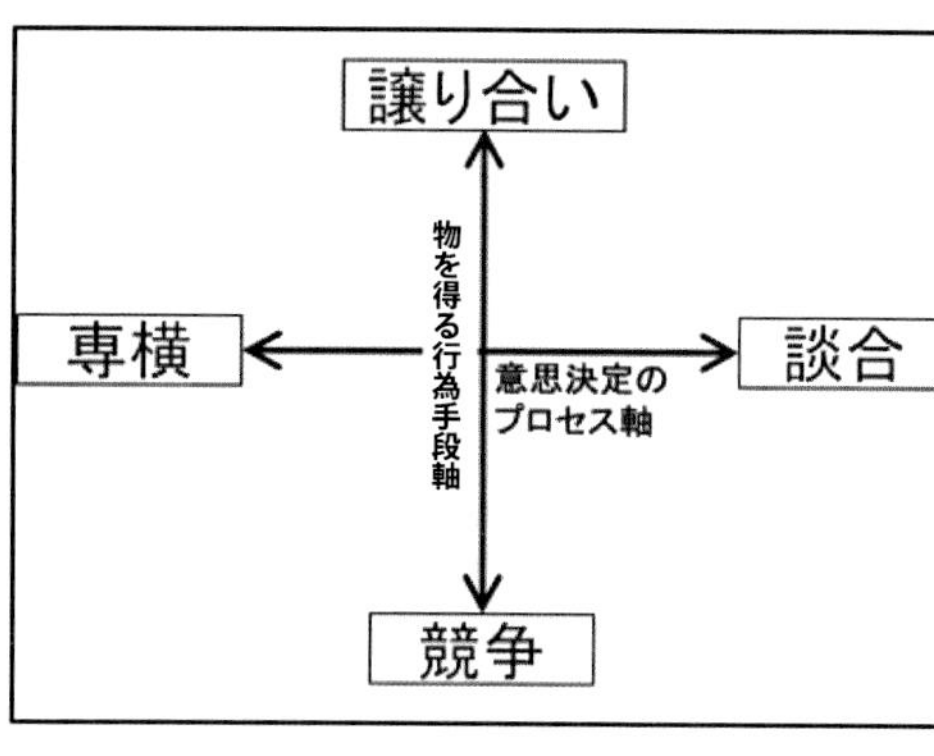

(2) 談合坂

談合地名として最も有名なのは中央高速道路の東京から最初のサービスエリアにある談合坂サービスエリアではないだろうか。談合坂の地名由来には、いろいろな説がある。

①近郊の村の寄り合い場所として、この近辺で話し合いが行われた。

②戦国時代に北條氏と武田氏が和議調停などの交渉ごとをした。

③武田信玄の娘が北條氏に嫁ぐ際に婚儀の約束事について話し合った。

④この付近にも桃太郎伝説があり、猿、犬、キジが桃太郎の家来になる約束をしてダンゴをもらった。実に楽しくなる地名由来が伝えられている。④は作り話であろう。武田と北条との歴史的談合に由来しているようである。

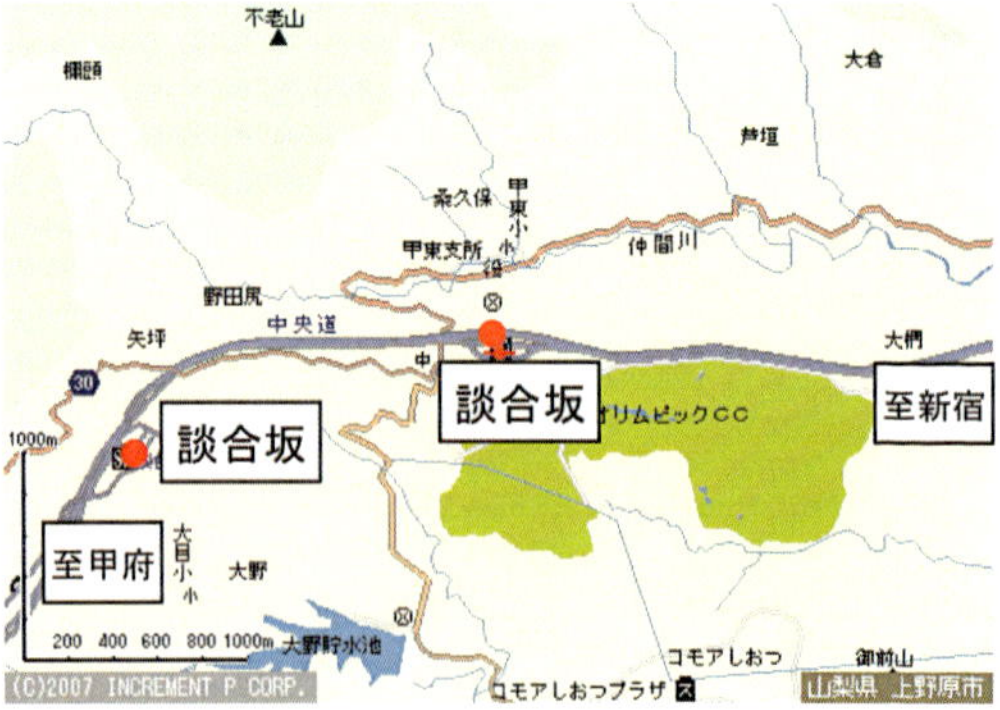

(3) 談合島

長崎県の島原半島と天草との間の有明海に談合島と称されている島がある。正式の島名は湯島という。行政区域は熊本県天草郡大矢野町に属する。台形状の周囲六キロメートルの小さな島である。この島の頂は海抜約百メートルであり、そこは四周三百六十度の展望台になっており、そこに熊本出身の文筆家、徳富蘇峰の書による「談合島の碑」が建立されている。

碑文によれば、若干十七歳の天草四郎を中心に切支丹信徒五十余人が、この島に集結し、徳川幕府のキリスト教の禁教に対する戦略の秘策を談合した。世に名高い天草四郎の島原の乱の談合をした島ということで、談合島と呼ばれる。

副　碑文

島原・天草の中間に位置し有明海上に浮かぶ湯島は世に談合島と称され、寛永事変の大筋である。元来この乱は単なる百姓一揆ではなく、天草・島原両軍の切支丹信徒が信仰の自由を絶叫して勃発した聖なる十字軍の戦いであった。

天草は耕地少なく地味やせ農民は勤勉努力辛じて生活を営む状態であったが、寺沢氏の領地となるや困窮の極みに達した。しかも、両郡は五年来の大旱魃によって希有の飢餓に見舞われ無数の餓死者を出した。萬策つきた百姓は上納米の延期と拝借米を願出たが、聞き入れぬのみか主唱者は牢につながれ農民は日夜血涙を呑んで上司の無情を恨み、死して天国に帰る至聖者に至った。

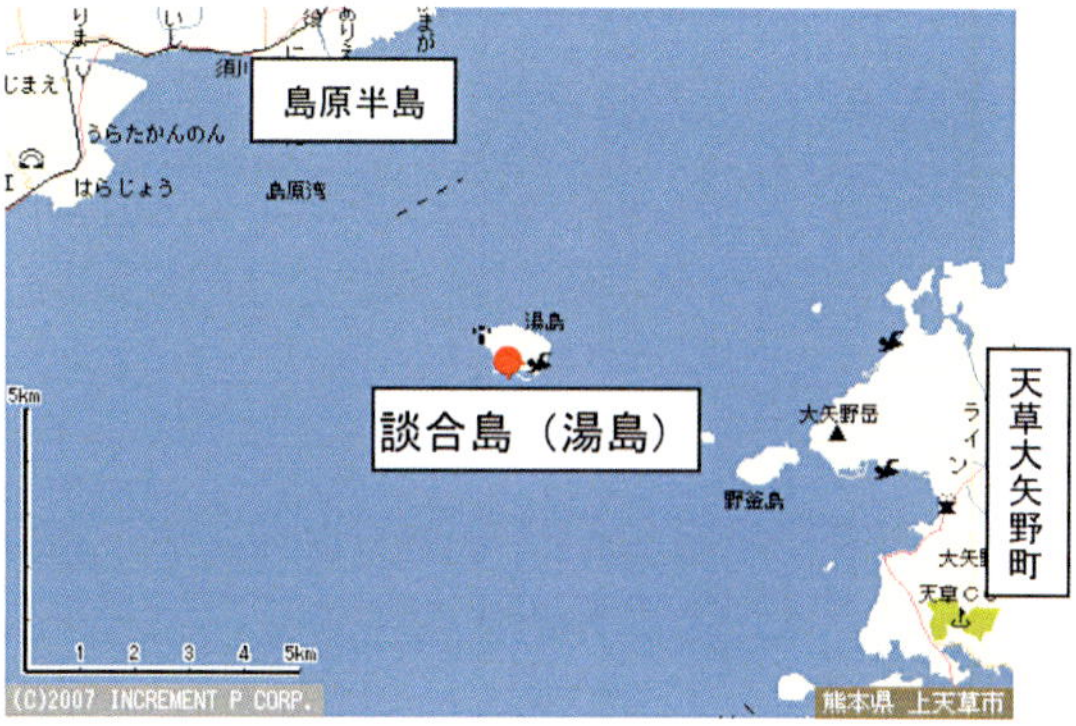

時、恰も徳川政府は峻けん苛烈な切支丹禁教を布告した。寺沢、松倉二氏は上司の異に迎合して検挙迫害至らざるなし、会堂を閉ざし転宗を迫り踏絵を強要し之を肯ぜし者は老幼の別なく投獄斬首の極刑に処し、又家は釘付にし一家を餓死させる等、徹底的に切支丹の根絶を企てた。島

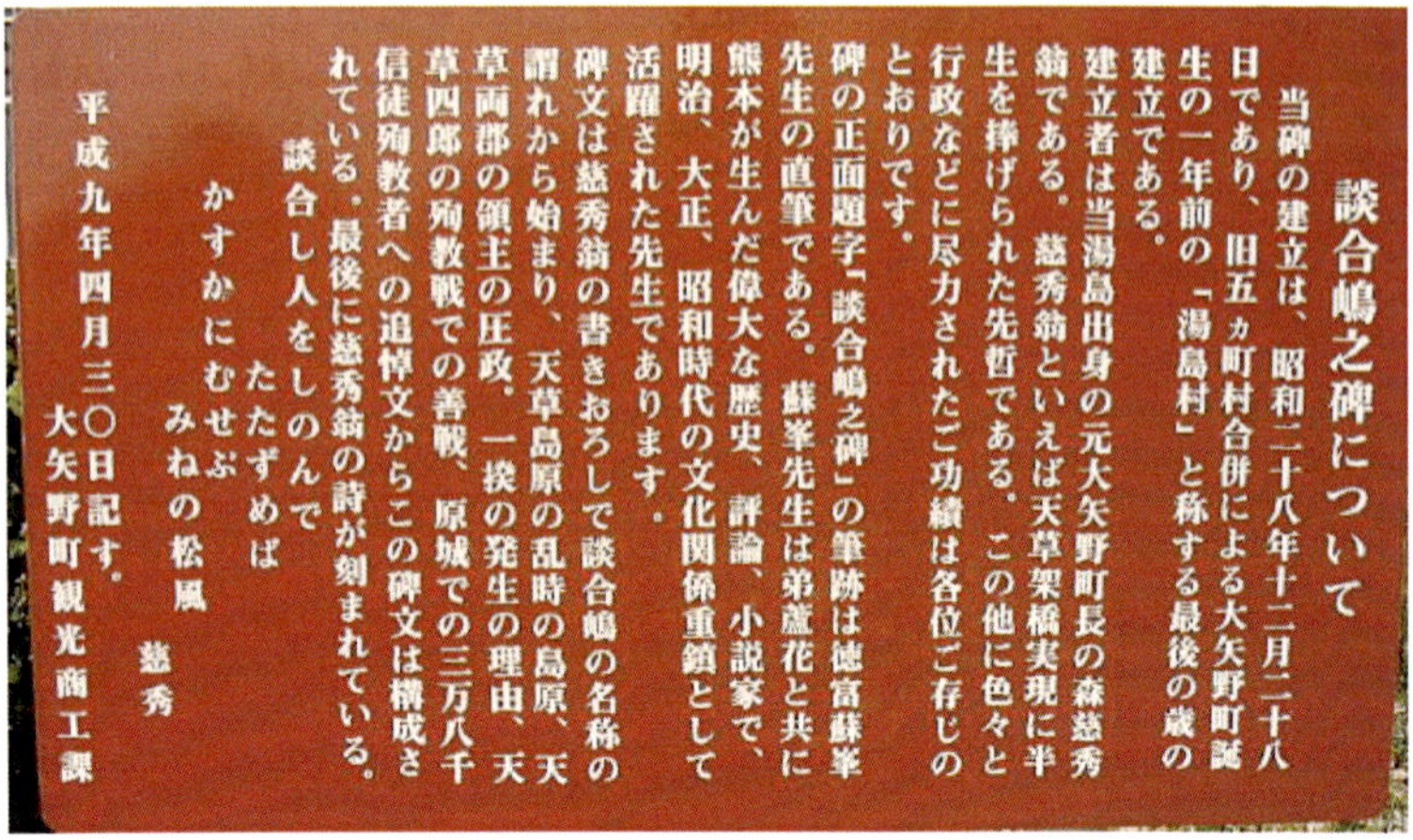
談合嶋之碑について
当碑の建立は、昭和二十八年十二月二十八日であり、旧五ヵ町村合併による大矢野町誕生の一年前の「湯島村」と称する最後の歳の建立である。
建立者は当湯島出身の元大矢野町長の森慈秀翁である。慈秀翁といえば天草架橋実現に半生を捧げられた先哲である。この他に色々と行政などに尽力されたご功績は各位ご存じのとおりです。
碑の正面題字「談合嶋之碑」の筆跡は徳富蘇峯先生の直筆である。蘇峯先生は弟蘆花と共に熊本が生んだ偉大な歴史、評論、小説家で、明治、大正、昭和時代の文化関係重鎮として活躍された先生であります。
碑文は慈秀翁の書きおろしで談合嶋の名称の謂れから始まり、天草島原の乱時の島原、天草両郡の領主の圧政。一揆の発生の理由、天草四郎の殉教戦での善戦、原城での三万八千信徒殉教者への追悼文からこの碑文は構成されている。最後に慈秀翁の詩が刻まれている。
談合し人をしのんで
たたずめば
かすかにむせぶ
みねの松風
慈秀
平成九年四月三〇日記す。
大矢野町観光商工課

原も亦、之に劣らずその迫害の手段は火烙、水で責め鋸逸等惨忍目をおわした。

後に住民の恨は骨ずいに達しほん発の四火は寛永十四年十月二十五日有馬郷に於て点ぜられ、信徒は十一月、大江源右エ門を代表として大矢野島に送り若干十七才の益田四郎を救主に戴き君主の礼を以て迎之せしめた。四郎は森宗意等に迎えられ、主脳部五十余人と共に此の島に上陸し、数日まって戦略の秘策を談合した。又、かねて両郡の幹部はたくみに汐流の干満を利用して集まり武器の製作を試みた。世にこの島を談合嶋と呼ぶのである。

かくして四郎は天草の風雲急なるを知り自ら千五百の部隊を率いて、十三日、上津浦応援の途に上って大勝を得、慈の両群共同作戦となり、天草の信徒島の囲いを聞いて島原に渡り、両郡の総勢三万八千の兵は古城に立てこもった。

世は暫く徳川幕府を謳歌せんとする時、突如反幕の巨弾は当に青天のへきれきであった。

驚愕した幕府は松倉内膳を討手として九州の大名を糾合して兵十二万五千を以って攻めたが翌十五年一月元旦首将幹部は全滅の憂目に合った。殉教の民は信仰の力を享けて卓抜の勇士と変じ容易に鎮定せず、於茲老中松平伊豆変って軍を督し大攻をさけ糧道を絶ち除ろに城内の力尽きるを待ち、二月二十八日悪戦苦闘の末、死傷者は二万、城遂に陥り骨肉相食む比類なき大悲劇は終わった。

落城数日前、伊豆守は和談のため矢文を送る。天下に恨みあらば如何ようにも望を叶えてやる。城を下りて耕作せよ、飯米二千石を潰し年貢の如きも心する。四郎の返書籠城は言語を絶する禁圧と迫害の結果であり、国に対し大望も私欲もない無窮の天主に仕えるのみ。

春風秋雨三百年有明海を距て参萬八千信徒殉教の血を流した原の古城、幾千の血汐染めた富岡城跡、四郎居住地跡は貴くも亦痛ましい。当時を物語るもので、今日の世に宗教の自由を思う時論に感慨胸を打つものがある。思うに天草には天正、慶応

にかけて「ラテン語」を教える神学林のあってローマ字のイソップ物語等多く刊行されて早く西洋文化に接し自由思想にめざめた天草人、土の命を捨て幕府の圧迫に反抗した意気の壮なるも亦ゆえあるかなである。天草島原の山河風景は我国殉教史上永却不滅の光をかかげたものである。茲に島民一同当時を偲び、昭和二十六年徳富蘇峰先生に談合嶋の碑文を乞い、越えて昭和二十八年二月二十八日は殉教者の三百十五年祥月命日に当たるので謹んで冥福を祈りつつ、この碑を建立する次第である。

文主　慈秀

『談合し人をしのんで　たたずめば　かすかにむせぶ　みねの松風』

慈秀

談合嶋碑文研究について

【建立二十有余年を経過した現在では、石面に苔生じ且つ風化して文字など明瞭を欠き解読に困難である。該碑文の元文が何人の手に渡って如何になっているかを観光課の方に問い合わせてもみたがそこで此の貴重な碑文を明らかにし後の世の人に当時ありし事を知らさん為、昭和四十八年より峰の峠に登り該碑に水を掛け「タワシ」で摺てみたり、軽石で摺って苔を落とし又拓本したりなど幾度となく峰まで足を運び暫く解読できるようになったのである。】

資料　湯島郷土誌

森田則栄氏の遺稿【湯島之今昔】

⑷ 談合谷

京都の東山の白河山の白川の流れる辺り、哲学の道から霊鑑寺横に「此奥俊寛山荘」と記された石標のあるなだらかな坂道を渓谷沿いに十五分ほど登りきった辺り。この辺りを「談合谷」という。右手に大文字山附近では珍しい滝、棲門の滝がある。その滝の上に「俊寛僧都忠誠之碑」が建っている。時は「平家に非ずんば人にあらず」と云われた平清盛全盛の時代のこと。

平家の台頭に伴って悲哀を味わうこととなった役人、貴族、武士らが平家打倒の陰謀を企てたのである。

平家物語によれば、法勝寺の執行であった俊寛僧都の鹿ケ谷山荘があって、俊寛僧都、藤原成親・成経父子、平康頼、藤原師光（西光法師）、源行綱、時には後白河法皇も加わって平清盛打倒の談合が行われた。俗に〝鹿ケ谷の陰謀〟とも云われている。

源行綱は迷い迷った末、うらぎり、談合話を清盛に打ち明ける。

事が露見し一同は囚われの身となり、師光は斬罪、後白河法皇は鳥羽殿に幽閉され、俊寛、成経、康頼は鬼界ケ島に流されることになった。

のち、俊寛を除く二人は赦されて都へ帰りますが、俊寛は赦されず島に残されその地で亡くなりる。

(5) 談合神社と談合町そして談合橋（豊橋市）

豊橋市役所の南東五～六百メートルの豊橋市の中心部に曲尺手町、鍛冶町、談合町の町名がある。牟呂用水が流れており、それに架かる橋が談合橋である。談合橋の一つ上手の橋は上談合橋という。

談合町の北側。曲尺手町、鍛冶町には東西に旧東海道が通っている。南北朝の乱（十四世紀）の後、南朝の遺臣がこの地に住み着き、雌伏したといわれている。

南朝余党の後裔として大木氏、平岩氏、富田氏、槇氏などがいる。大木家は延元・興国の頃、井伊谷（遠江）南朝に殉じた八名郡石巻神社の社家大本家の別家である。

平岩家と富田家は河内国の楠家の余党の後裔（平岩は南河内の平岩村、富田はその隣村である

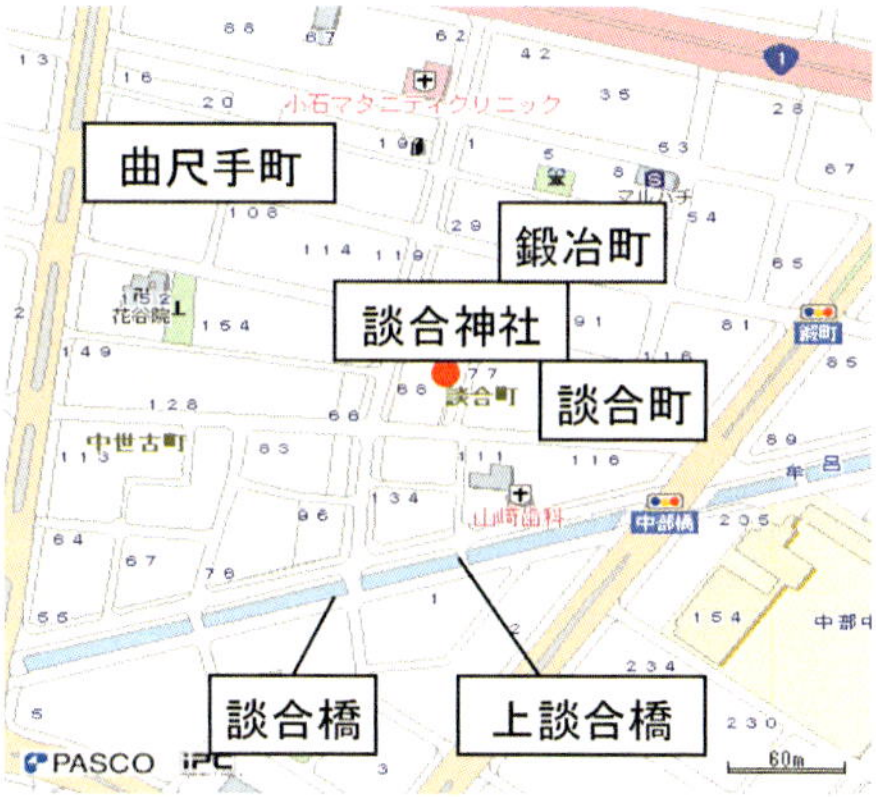

富田林の出身）である。南北朝時代、同じく河内国古市郡槇村から来た槇氏らと共にこの地（宝飯郡牛久保地方）に雌伏した。

当地の士豪牧野古白が今橋城（後の吉田城、即ち今日の豊橋城）を築城するに至り、南朝の余党の後裔は刀剣や城の金具を製造した。これが鍛冶町の由来である。築城作事にたずさわったものが曲尺手町の由来である。

この頃、金属の鋳造する工房の側に鍛冶屋の神様を祀ったのが談合神社の起こりだという。記録によれば天照大神を東田神明社から勧請し、合祀したと記録が残されている。南朝余党の後裔が、密かに会合して南朝の再興を謀ったことから「談合宮」と呼ばれるようになったという。談合神社の由来である。大和桜井の多武峯で大化の改新の談合をしたことによる談山神社の由来に通じる名前である。

この談合神社は豊橋で最も歴史的意義深い祭り「豊橋鬼祭り」の重要な舞台でもある。

豊橋、小坂井など豊川下流に形成された町は、渥美半島と三河湾、三

遠信の山地の接点に位置している。東海道、田原街道、平坂街道、伊那街道などが通じており、交通の要所である。海の文化が山へ伝えられる玄関口の役割と反対に山の文化が豊川づたいに里へもたらされる役割とがある。

小坂井の菟足神社と豊川を挟んだ対岸の河岸段丘の上に安久美神戸神社が位置している。二月十日、十一日の二日間にわたって豊橋鬼祭りが行われる。十一日には安久美神戸神社で祭りのハイライトとも言える「赤鬼と天狗のからかい」が行われる。その後、談合神社（神明社の御旅所）の談合宮へ御神幸が行われ、談合神社においていくつもの神事の後、赤鬼と天狗が氏子町内の家々を回り、各家の無病息災や家内安全を祈る門寄りが行われる。

この豊橋鬼祭りは、日本の神話を田楽に取り入れたもので、高天原に暴ぶる神が現れて

いたずらするのを武神が懲らしめる様子をあらわしていると言う。赤鬼が暴ぶる神で、天狗が武神、そして傍らで見守る黒鬼は国津神をあらわしているそうである。「鬼と天狗のからかい」は鬼と天狗の談いのようにも思えてくるから不思議である。

(6) 談合峠

山口県山陽小野田市津布田と埴生の間にある国道2号線の峠（EL六十九メートル）を談合峠という。

談合峠の地名の由来についてはよく分からない。この峠道は山陽道の古い峠道なので、この峠で何か重要な話し合い（談合）がもたれたことでしょう。

(7) 談合田

東名阪道の蟹江インターチェンジの出入り口の所蟹江ICと川並の信号機の間、第一貨物株式会社名古屋支店のあるところの住所は海部郡蟹江町大字西乃森字談合田という。

蟹江町史によれば『天保十二年（一八四一）の村絵図』には談合田の記載はない。しかし、『弘化四年（一八四七）の村絵図』には談合田が見える。一八四一年から一八四七年にかけて新田開発が行われ、話し合いで各自の水田が決められたと推測される。

名古屋の熱田新田などは江戸期に多く新田開発され、湿地など共同開発者全員が、水利条件、土地の条件が同じ条件になるように開発された。水田を細かく区画し、くじ引きで決めたといわれている。飛び地が多いのも皆が同じ条件になるように配慮したからだと言われている。

(8) 多武峯・談（かたら）い山・談所ヶ森　談山神社

桜井市の南方に広がる山麓一帯を多武峯（とうのみね）と呼び、そこに秋の紅葉と現存唯一の十三重塔で有名な談山神社が鎮座する。

談山神社は大化の改新を断行した藤原鎌足を祀る。談山神社

の裏山辺り、多武峯に登って、中大兄皇子（後の天智天皇）と忠臣藤原鎌足公が皇極四年西暦六四五年五月藤の花の咲く頃、当時権勢をほしいままにし、専横が目に余った蘇我蝦夷と蘇我入鹿親子を討伐すべく大化の改新の秘策を話しあった、談合したとされている。一カ月後に飛鳥板蓋宮で蘇我入鹿を討ち大化の改新を成し遂げた。

二人が談合したこの山・多武峯を「談（かたら）い山」「談所ヶ森」と呼び談山神社の名称の由来となった。藤原鎌足公の長男定慧和尚が唐の国から帰国して、多武峯に鎌足の墓を移して十三重塔を建立し又、次男の不比等は鎌足の像を祭る神殿を建て、のち談山神社となった。社号は談合の山、談い山に由来する。談い山（EL二百九十メートル）には「大化改新談合碑」が立つ。

(9) 談合松

旧東海道五十三次の第三拾九番目の宿が池鯉鮒（ちりふ）である。

現在も、並木八丁と呼ばれる知立の松並木が（約五百メートルにわたって百七十本の松）が往時の東海道の姿を残している。

松並木の入口左に「旧東海道三拾九番目宿池鯉鮒」と書かれた標石と、その先には小林一茶の「は

つ雪や　ちりふの市の　銭叺」の句碑が建てられている。松並木の中ほどに安藤広重の「首夏馬市」の絵の看板と馬の像が建っている。知立は馬市で栄えたところ、広重は知立宿の題材として「首夏馬市」を選んだ。首夏とは五月のことである。広重の絵の中央に大きく描かれている松が「談合松」という。

毎年四月二十五日から五月五日に終わる馬市が立つ、池鯉鮒の宿の東の野に四～五百頭の馬が繋がれ、馬喰や馬主が集まってこの談合松の下で馬の値段を決める。当時、芝居者や遊女たちが多く集まり賑わったという。談合松のあった所に「慈眼寺」が建立された。

明治になって馬市は慈眼寺境内に移り、昭和の初期まで馬が牛に変わったものの、鯖市も兼ねて賑わっていたが昭和18年を最後にその歴史を閉じた。慈眼寺に「馬市の碑」が建てられている。

⑽ 談合峰

新潟県東蒲原郡阿賀町（旧上川村）と福島県大沼郡金山町の県境、鍋倉山と沼ノ峠山の間にある標高千三十九ｍに峰が談合峰である。

登山道はない。菅倉沢出合から入渓し、右岸沿いに菅倉山に登る。沼ノ峠山から踏み跡が辿れるが、談合峰付近だけは藪であるという。山名の由来はよく分からないが、県境を決める話し合いでも、もたられたのではないだろうか。

⑾ 談合山

新潟県栃尾市と北魚沼郡守門村との境界に談合山（ＥＬ五百八十米《メートル》）がある。山名の由来に付いて調査中。

〈参考〉 団子地名について

地名研究の基本は読み方であり、漢字は後からあてたものである。談合地名を考える場合、同じような読みに団子がある。

談合が悪いイメージだとすれば、余計に談合の字をあてずに団子の漢字をあてた場合も考えられる。全国の団子地名をも調べておく必要がある。

①団子 ◯岩手県西磐井郡花泉町金沢

②団子坂 ◯青森県三戸郡三戸町斗内・（団子坂下）◯宮城県仙台市泉区根白石・東京都文京区本郷の近く汐見坂の別名がある団子坂には森鴎外の旧居に因む鴎外記念本郷図書館がある。坂の上に団子屋があったからとか、悪路のために転がるとそれこそ団子のようになって転がり落ちることからという。

③団子沢 ◯宮城県黒川郡大衡村大衡・宮城県玉造郡岩出山町上山里上真山・秋田県由利郡仁賀保町平沢

④団子山 ◯宮城県志田郡松山町金谷・福島県福島市松川町浅川 ・福島県伊達郡月舘町糠田・愛知県西加茂郡三好町明和

⑤団子沢山（EL千七百四十五m）○山梨県中巨摩郡芦安村

⑥団子林　○福島県郡山市田村町大谷

⑦団子森　○福島県郡山市田村町山口○福島県安達郡本宮町荒井○福島県安達郡本宮町岩根○福島県安達郡本宮町関下○福島県安達郡本宮町白沢村稲沢○福島県田村郡三春町過○福島県田村郡小野町小野新町

⑧団子森山　○福島県安達郡安達町下川崎

⑨団子石　○福島県須賀川市大栗○福島県安達郡安達町下川崎○福島県大沼郡会津本郷町氷玉○福島県伊達郡飯野町飯野○福島県南会津郡南会津町糸沢（福島県鮫川村史に『ヤマンバと団子石』の民話がある）○茨城県新治郡八郷町○笠間市に団子石峠がある。団子石がある。○山梨県甲斐市団子新居にも団子石がある。

⑩団子岩　○愛知県岡崎市新居村

⑪団子塚（EL四十一メートル）○静岡県磐田郡浅羽町

⑫団子田（だんごでん）○福島県福島市大森・福島県福島市上鳥渡・福島県郡山市田村町山中・福島県須賀川市雨田・福島県田村郡小野町小野新田・福島県相馬郡鹿島町塩崎・愛知県額田郡額田町保久・京都府京都市右京区京極徳大寺

以上、団子地名を調べてきたが、談合地名と団子地名はそのほとんどは全く別物であると推定する。

二、草津と大津

草津と大津　～〝悪ふざけ〟か〝遊び〟か〝文化〟か　～

(1) 東と西の二つの草津と大津

昔、昭和三十年ごろの話である。場所は大阪の下町。近所の仲良しグループのおばさんたち三～四人で、暇をもてあまし、今日はどこか面白いところへ行こうよ。ということで、行き先を決めず、とりあえず、まず大阪駅、梅田へいこう。たまたま、大阪駅のホームで草津行きの電車のあることに気づき、二時間くらいで行けるということを聞き、急遽、草津温泉に行こうと決まる。列車のなかで、わいわいガヤガヤ、「草津よいとこ一度はおいで、――お湯の中にも花が咲くよ――」の草津節の歌の文句に、期待に夢ふくらませて、心うきうき、草津に着いた。駅員に温泉に行くにはどちらへ行けばよいかと聞いた。「駅員さんはキョトンとし、ここは、滋賀県の草津で、草津温泉ではありません。有名な草津温泉は関東の山奥ですよ。」と言われて、はじめて気がついたという笑い話を聞いたことがある。

地理に疎い下町のおばさんたちにも草津地名は全国区のビッグな地名であった。その、滋賀県の草津市に隣接して滋賀県の県庁所在地の大津市がある。

一方、群馬県吾妻郡の有名な草津温泉への入り口に当たる位置に、草津町に隣接する長野原町の大字地名として大津がある。関東と関西に二つの草津と大津の地名が合い互いに隣接してある。

東海道も中山道も京から見て、草津の宿の手前が大津の宿であり、一方草津温泉のある草津町の入り口、手前の大字地名が長野原町の大津である。不思議なアナロジーだ、何かいわれがあるのではないかと言うことで草津と大津の地名由来を調べてみることにする。

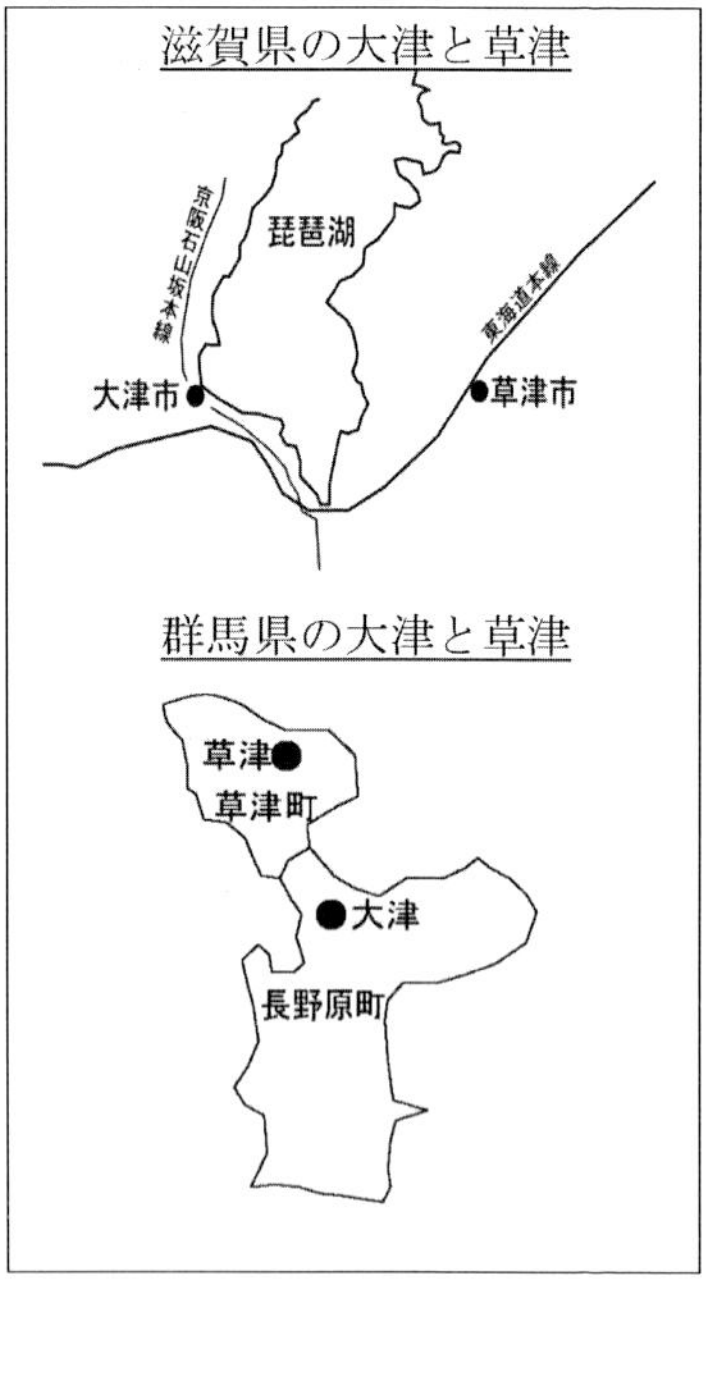

(2) 草津地名を考える

国土地理院の地図に記されている草津地名を調べると、有名な群馬の草津温泉と滋賀県の草津の他、全国に、山形県、福島県、新潟県、広島県、長崎県そして熊本県の八県に草津地名がある。

①温泉の草津は臭い水〝臭水〟（くそうず）なり

草津の湯から発する硫化水素のあの卵の腐ったような臭い匂いから草津の湯は「臭水」（くそうず）と呼ばれていた。それが年移り、いつしか草津温泉の地は「くそうず」から「くさつ」と言われるようになった。草津の漢字地名の発出は大般若経に「南方有名草津湯」と記されたことに始まる。ところで明治になって石油が輸入されるようになって、石油も別格の臭水（くそうず）と言う様になった。要するに臭覚を刺激する液体を全て臭水と言ったようだ。

長崎県福江市奥浦村に草津（そうず）地名がある。熊本県西瀬村にも草津（そうず）地名がある。そしてその近くの人吉市深田村に草津山、草津川がある。新潟県に新津町と安田村に草津（くそうず）地名がある。これらの草津地名も「くそうず」と言う読み方から、やはり、匂いのする湧水が出ることに由来するのではないだろうか。福島県大玉村に草津川がある。山形県八幡町にも草津がある。これらについてはまだ調べていないので現時点ではよく分からない。

②滋賀県の草津は〝陸の津（港＝市場）〟吉田東伍説

一方、滋賀県の草津市は鎌倉時代より、東海道と中山道の分岐（追分）の重要な宿場町として栄え、戦国時代にはたびたび戦火に見舞われたが、江戸時代に入り草津追分の宿となった。そして湖上交通の要所として東海道五十三次の中でも屈指の宿場として繁栄がつづいた。

「草津」地名が文献上出てくるのは時宗の開祖、一遍上人の生涯を描いた「一遍上人絵巻」の巻七であると言われている。吉田東伍によれば「草津」とは「種種の物資の集散せる津頭の義なるべし、この地は水運なきも、陸路の走集なれば、義相通ず」と書かれている。大津と言うのは水の港であるが、草津と言うところは、陸地において、物と物、人と人が行き会うところの港であった。

吉田金彦氏の「古代地名を歩く」によれば、草津駅の東北五百ｍに栗東町中沢に菌神社があり、社伝によれば、景行天皇のころ竹田折命が田植えの折、茸が一夜にして生えたので菌田連の姓を賜ったという。舒明天皇年（六百三十七）勧進し、口狭良大明神と書き、ついで明治から、菌神社となったという。菌（くさびら）とは陸地に生える花弁のようなもので、茸や野菜等の草と同じで、草津のルーツは菌神社の縁起にさかのぼれるという。

草津は〝いくさ津〟、〝うさ津〟由来なり広島県西区田方一丁目に草津八幡宮がある。その由来碑には「古代このあたりまで、深い入り江であった。草津の地名の起こりは、戦津浦輪（いくさつうらわ）すなわち軍船の寄港地であったことによる説と宇佐八幡の神が祀られて津、すなわち宇佐津（うさつ）が（くさつ）に転読したものなどの説がある。創建は古く飛鳥時代の終わり、推古天皇の世（六百二十五）宇佐八幡宮を勧進したことによると伝えられて」いる。

(3) 大津地名を考える

大津（大きな港）発祥物語

滋賀県の大津は天智天皇が都とされた志賀の都である。壬申の乱後、天武天皇により都は再び飛鳥の地に移ったために、荒廃して古津と呼ばれていた。桓武天皇は、ことのほかに大津に関心を寄せられ、平安遷都の詔の中に「近江の古津を大津と称すべし」、とおおせられた。桓武天皇は天智天皇の四代の皇孫として、久しく続いた天武系の後に即位されたことにより、天智天皇への敬慕の念と追憶の情によるものではないかと言われている。

大津は琵琶湖の南端にあたり、湖上交通の集散点にあたり、全国各方面から京へ向かう物資が陸揚げされた。大津はまさに名前のとおり大きな港である。

〝大きな港〟にあらず〝小さな港〟なり

大阪府に泉大津がある。この大津地名も「大きな港」だろうか。泉大津市の地名由来は明治二十二年の町村制により泉郡大津村となり大正四年に大津町となり、昭和17年の市制施行では既に滋賀県に大津市があるため、大津の上に泉州の泉をつけて泉大津市が生まれたとある。滋賀県の大津市に遠慮したのである。

しからば泉州の大津の地名は古くはどう呼ばれていたのであろうか。更科日記（一〇五九）には「大津」の地名が書かれている。それより古くは土佐日記（九三五）には「小津」と書かれている。

大津と大洲

愛媛県大洲のルーツも大津である。伊予温故録に「元和以前には大洲は大津と記す」と…。

町村合併による〝大津〟地名生誕物語

群馬県長野原町の大字、大津地区は古くより吾妻郡に属し、三原庄であった。元は坪井、勘場木、立石の三村だったが、小さい村のため明治八年九月二十七日合併して一村になった。大津の名はその時、隣村草津を近江の草津になぞらえて、その手前、草津の入り口であるから大津と名づけたという。東海道五十三次、木曾街道六十九次といわれた天下の二大街道の宿場を順に見てみると、東海道の京の三条大橋から一つ目の宿が大津の宿、二つ目の宿が草津の宿、ここで中山道と分かれて三つ目の宿が石部の宿、そして水口の宿、土山の宿を経て、鈴鹿峠を越える。一方中山道は同じく京の三条大橋から一つ目の宿が大津の宿、二つ目の宿が草津の宿、ここで東海道と分かれて三つ目の宿が守山の宿となる。ということで、天下の二街道とともに、いよいよ京の都に入る直前が大津であり、その手前が草津である。大津と草津は全国に多くある宿場のなかでも、共に横綱級の別格の知名度を誇るものである。江戸時代より双六などで子供までが大津と草津のことは覚えており、よく知っていたという。このような、遊び心による地名、悪ふざけの地名、現在の町村合併の嵐の中ではどのように評価されることやら。

三、〝一口〟難読地名の王様

⑴ 巨椋池からの唯一の出口「一口」（いもあらい）

京都は四神相応の風水思想の吉相の地である。北に玄武・山を背負い、東に青龍・鴨川の流れを配し、西に白虎・大道である西国街道、山陰街道がひらける。問題は南に朱雀・大湖に臨む。京の都の南部にはかつて巨大な巨椋池があった。巨椋池には琵琶湖からの流れ宇治川と伊賀盆地からの流れ木津川の洪水が流入する。この巨大な巨椋池の西端から下流淀川への唯一の流出口のところは地図を見れば「一口」と書かれている。唯一の口なので「一口」だと想像されるし、地名点由来を調べて見てもそのとおりである。この「一口」は「いもあらい」と読む。全国に数多くある難読地名の中でもベスト10に地名研究家・地名愛好家は必ず入れる難読地名の横綱だ。湖沼や盆地からの唯一の出口は大出水時、その地で洪水流出は堰止められて、上流側の湖沼や盆地は浸水常襲地となる。唯一の出口の例を近畿管内だけでも見てみると唯一の流出出口狭窄部は洪水のたびに流出が制限されて、上流側の湖沼や盆地が浸水常襲地帯となる。その出口の狭窄部には浸水常襲地の災害の宿命の地の伝説が必ずある。

巨椋池の唯一の出口「一口」の伝説は「一口」(いもあらい)地名由来伝説そのものである。

(2) 難読地名「一口」の地名由来・洪水常襲地

全国に実に多くの難読地名があるが、その中でも最も難読地名として有名なのが「一口」であり「いもあらい」と読む。その由来は、

○京都の南部「巨椋池」の西側あたり「一口」の地。京都の南方への出入口の要衝の地

○「平家物語」「吾妻鏡」「太平記」などにも出てくる地名

○現在も久世郡久御山町に「東一口」(ひがしいもあらい)の地名が残る

○もともと三方を宇治川、木津川、桂川に囲まれる三川の合流点で昔から洪水が頻繁に起こる地で、洪水が起こると疫病が蔓延した。出入口は西側の一カ所しかないので「一口」の漢字が当てられた。

○疫病が村に入らないよう、ひとつしかない入口に稲荷を

湖沼または盆地名	唯一の流出	伝説等
琵琶湖	瀬田川・大日山	行基菩薩願掛け伝説・計石
奈良盆地	大和川・亀ノ瀬峡谷	亀石伝説
上野盆地	木津川・岩倉峡	
亀岡盆地	桂川・保津峡	
大野盆地	九頭竜川・鳴鹿峡	継体天皇の治水伝説、鳴鹿物語
巨椋池	淀川・「一口」	「いもあらい」地名由来伝説
豊岡盆地	円山川	

祀った。

○「いも」とは疫病の「疱瘡」のことを意味する。「いも」が入らないよう稲荷で邪気を洗うから「一口（ひとくち）のいもあらい」と呼んだ。いつの間にか「一口」を「いもあらい」と呼ぶようになった。

秀吉時代の巨椋池沿岸図

当時の巨椋池には、宇治川・桂川・木津川が流れ込んでいたため、大雨が降ると巨椋池の周辺は洪水に見舞われていました。そこで、秀吉は巨椋池周辺に堤を築き宇治川の流れを変え、巨椋池の洪水を抑えるとともに、宇治川の流れを利用する伏見港を造りました。

（三栖閘門資料館 HPhttp://www.musu~museum.jp/）

(3) 東京千代田区にある二つの「一口坂」と三つの「太田姫稲荷神社」

JR御茶ノ水駅の東端に有名な聖橋がかかる。

①聖橋の南端に「一口坂」（いもあらいざか）がある。現在の看板は「淡路坂」となっている。京の一口に建てられた一口稲荷神社が邪気を払い疱瘡を治すご利益があることは関東にも知られていた。室町中期、太田道灌の娘が疱瘡にかかった時、道灌は京の一口稲荷神社をこの神田の地に勧請して祀ったという。そこで神社の近くの坂を「一口坂」と呼ぶようになった。この神社はその後神田駿河台に移され「太田姫・一口稲荷」となって現在もある。京都の一口神社は現存しない。

②もうひとつは麹町の靖国通りに「一口坂」の交差点がある。

次に「一口坂」ゆかりの神社が三カ所ある。

③①と同じ所に太田姫神社の「元宮」の看板がある。そこにある大きな椋の木の股に、太田姫稲荷神社の鳥居の標識の所に由来の御守がある。「太田姫一口（いもあらい）稲荷風邪咳封治の御守」と記されている。その文を次に記す。

④　神田駿河台1丁目二-三に太田姫稲荷神社がある。

⑤　麹町太田姫稲荷神社が千代田区麹町一-五-四にある。

◎太田姫一口稲荷風邪咳封治御守

この御神符は当神社にて古い判木が残存して居りまして江戸時代より明治大正昭和の初めの

頃まで風邪咳治封の御守護札としてかなり流行した町々に流布されたものと云はれ伝はったものです。いささか摩滅の所がありますが当時の物で御座います。

当太田姫神社は京都稲荷大社の分社で日本いなり総社本宮愛染寺（別当寺名）より一キロ程の所一口（イモアライ）いなり別名豊吉（とよよし）いなりと申されます。宇治川と淀川の合流地の山本に社が御座います。村落は一口村と言はれこの数年前に久美山町の一部に合併されで町政下にあります。いもあらいは元語はゑも（潰瘍のウミ血尿の障害を洗ふと云ふ事申すのです。この一口の今より五三〇年昔江戸城にありし太田道灌公の姫君当時大流行した天然痘疱瘡（ホウソウ）（いもがさ）高熱に呻吟苦悩余名危ふき時、人ありて進言、山城の国一口の里に病に霊験あらたかな一口神あり

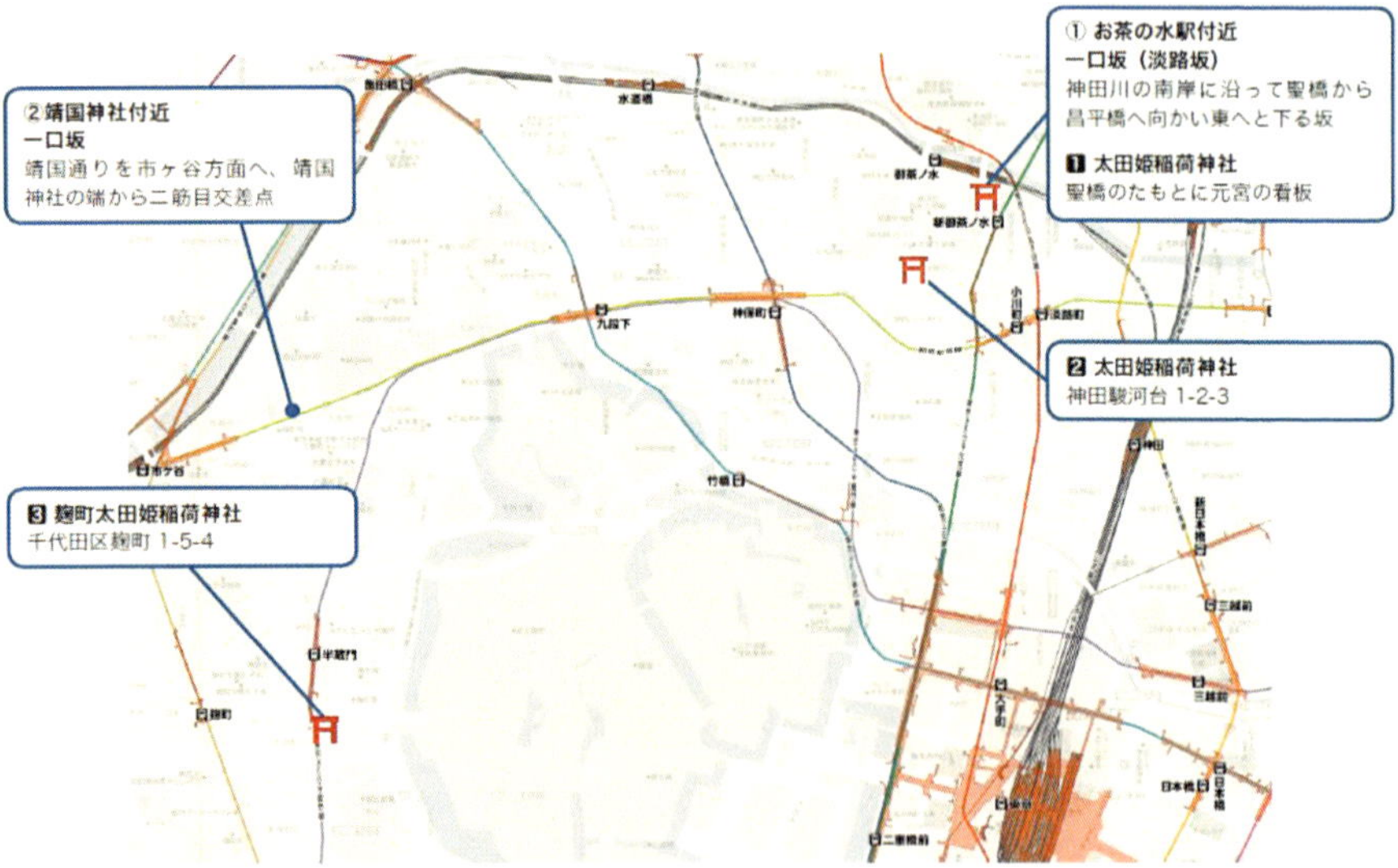

「一口坂」（いもあらい）ゆかりの二地名と三神社

この神を信仰平癒を祈れば守護の御利益ある古来より伝承あると聞きただちに公使者を立て祈祷を修した。霊感いやちこに平愉せられた。公感謝。領民の建全をも含め城内に一口いなり分祀勧請す、後に太田姫いなりの社となり関西の神が江戸に創祀されて江戸市民の信仰高く広く天然痘悪病除災の厚く宗教された。

この咳治封守りは願かけ中は里芋のネバつこい液が痰に悪い症状をもたらすと禁?にされてまじない祷願の時は神前に供へるので芋稲荷の汎称で呼ばれて居りました

百日咳風邪は季節を問はず発生流行し体熱高く痰多く万病の元とまで云はれました病でビールス菌が散りとび感染が広がる多勢の人を悩ます流行病であり幸い医術薬学の進歩にて悪質病は治封されました事古代人のまじない秘法暗鬼の心も信神の心の支へと神札を懐中し守護御安泰ならん事を祈り上げます。

四、木詰地名を考える

北海道の旧夕張川が千歳川に合流する現在の地点に、「木詰（きづまり）」という地名がある。かつては旧夕張川が大きく蛇行していた所である。現在は捷水路によりショートカットされ、直線状になっている。

「木詰」とは、かつてこの地点で上流からの流木が蛇行部で詰まって、何度も破堤した所である。少し豪雨があれば破堤を繰り返してきた所である。千歳川と夕張川の合流地点は、昔は夕張潟という大きな沼になっていた。ここから夕張川を約一・五km上流に遡った所は、大小様々な分流が屈曲し、増水のたびに上流から流されてきた土砂や樹木が詰まり、石狩川からの逆流も重なって盛り上がり、身の毛もよだつ異様さであったという。

松浦武四郎は『夕張日誌』に「流木が積み重なって舟の遡上し難し」「聞きしに勝る怪奇現象」と書き留めている。アイヌの人々も、この地をラプシトウ（ゴミが沢山集まっている所）と呼んでいたことより、「木詰」地名が生まれた。

この「木詰」地名が語るように、河川というものは、水だけが流れるところではない。洪水時には、多量の流木を浮かせながら流れてくる。これらの流木が橋梁の桁や水門、樋管、水位標、量水計等各種河川構造物に激突し、想像もつかない被害を及ぼすことがある。このようなことより、余裕高二mが設計されている。余裕高二mは決して洪水が流過する河積ではない。

また、この地点の堤防はバンザイ堤と言われてきた。左岸か右岸かどちらかが決壊すれば、破堤口から洪水が一挙に流出するため、洪水位が一挙に低下する。したがって、どこかが破堤すれ

ば、対岸の住民は堤防上で破堤を免れたことを喜び、バンザイをしたということである。
堤防というものは、どこが切れるか分からないものである。どこかが破堤すれば、途端に破堤口から一挙に洪水が流出し、洪水位が下がり、他の場所は安全になるということである。

「木詰」地名には、壮大な治水物語が伝えられている。

南幌町と長沼町の境界に、旧夕張川が流れている。この地は、かつて太平洋と日本海の海が繋がっていた所であり、その後、支笏火山の噴火で陸地になった所である。この地は低湿地で、無数の湿沼が点在し、河川は気の向くまま暴れ放題であった。

この人を寄せつけない大自然の低湿地に入植し、開拓に挑戦したのが東北伊達藩・角田城主の石川邦光である。邦光は故郷・阿武隈川の川奉行の配下であった手塚桂に入植地の最果ての木詰に住居を与え、暴れる夕張川を綿密に調べ上げた。明治二十八年、邦光は手塚を現場監督として、自分の開拓資金で木詰の夕張川に横たわる土砂、倒・流木の除去、河床の浚渫、川幅の払幅に着手した。

明治三十一年九月、歴史に残る夕張川の大洪水で、木詰の新水路も埋没してしまった。手塚は、この大水害を教訓として、屈曲部の直線水路設計を提唱した。鶴城に入植していた福井県人・広田甚太郎が資金を提供した。

広田は、手塚の設計書を携え、北海道庁の杉田長官に現地調査を要請し、異例の速さで長官の木詰視察が行われ、直線切替流路約二・七五㎞の工事費九一、三〇〇円の予算がつき、広田の拠出金に上積みされて工事が行われた。

しかし水害の宿命の地「木詰」は、その後も繰り返し襲来する洪水の連続で、次第に荒廃の色を濃くしていった。

木詰の手塚桂の長男・手塚衛守は、この打開策を立案し、村役場へ提出し、関係機関へ働きかけるよう要請した。しかし、余りに見事な建議書で、ポイントを鋭く突いた趣意書文は、過激と誤解され、村当局は一切を反古にしてしまった。

手塚は失意の中で、憤怒の川・夕張川と木詰を去った。しかしその後、手塚の建議書は、石狩川治水の先賢・保原元二（石狩川治水事業所長）の目に留まり、夕張川治水計画に活かされ、世紀に残る新夕張川捷水路が誕生することとなった。

木詰は、かつて南幌町であったが、流路新設・分断により、紆余曲折の末、現在は長沼町となっている。

五、かぐや姫とかごしま

鹿児島は「火の島」（かぐしま）桜島――鹿児島の地名由来考――

小生二〇〇九年三月に「県の輪郭は風土を語る――かたちと名前の四七話――」と題する本を技報堂出版から出した。

その本の原稿を書く時は、日本の47都道府県の県名由来を色々調べた。鹿児島の地名由来については大凡六説ほどあることが分かった。どの説も私としてはなるほどと頷けるものではなかった。もうひとつ説得性に欠けると思えた。

茨城県神栖市の息栖神社に行った時、神社由緒記の看板に「迦具土の災い」との文字が書かれていた。「かぐつちのわざわい」とは火災である。はたと思い至った。

鹿児島（かごしま）は（かぐしま）ではなかったのか、鹿児島に行けば毎日毎日眼前に聳える桜島が脳裏から離れることはない。古くから当地に居を構えた先人達も桜島の雄姿としばしば火を噴く火柱に畏敬の念を覚え、空から降ってくる火山灰に悩まされてきたであろう。古人もしきりに火を吹く桜島を見て桜島とはいわず「火の島」すなわち「かぐしま」と称していたのではないか。

まず、鹿児島の地名由来を調べて見た。

『和名抄』に薩摩国の郡名として古くから「カコシマ」と見える。薩摩藩の中心地で島津氏の居城の地である。

（説1）吉田東伍説。鹿の総称をカゴといったことから、鹿の子（カコ）が多く住んでいたという説。

（説2）鏡味完二説。船頭、漁夫をいうカコに由来するとする、多くの「かこ（水夫）」が住んでいたという説
（説3）松尾俊郎説。カゴはコゴ（凝）の転で「けわしい地形」を表現しているとする。

（説4）カゴはカキ、カケ（欠）、カクの転で崖の地形地名だとする。

（4－1）シラス台地をひかえた現地の地形に非常によく合う。

（4－2）鹿児島は桜島の古い地名だった。桜島が四方に崖をめぐらしていることから「カゴ島」と呼ばれるようになり、それが郡名となり県名となった。

（説5）桜島の火山による臭気から「かぐ（嗅ぐ）」に由来するとする説。

（説6）三島敦雄説。火神カグの由来するとする説。

鹿児島（かごしま）の地名由来を考える時、桜島の地名由来についても同時に考えなければならない。桜島の地名由来については以下の四説があった。

（説1）神話に登場する木花佐久夜姫が島の御神体（五社明神）として祀られていたことから咲夜島そして桜島となった。

（説2）桜島が湧出した時、海上一面に桜の花びらが海面に浮いていたという説
（説3）10世紀中ごろ　大隈守として京都から赴任してきた桜島忠信の名からとったという説
（説4）「サ・クラ・ジマ」からなり、サは接頭語、クラは断崖、崩壊谷あるいは険しい斜面をもった山という竟から。

私の説は、（説5）と（説6）三島敦雄説に近いのだがカグ迦具は「火の神」でなく「火」または「火でこがす」と考える。
◎かぐや姫（迦具夜姫）富士山の山の神である「かぐや」は「夜空を火でこかす」という意味ではないだろうか。
カグツチとは記紀神話における火の神である。『古事記』では火之夜藝速男神（ひのやぎはやをのかみ）、火之炫毘古神（ひのかがびこのかみ）、火之迦具土神（ひのかぐつちのかみ）加具土

命と記されている。

また『日本書記』には軻遇突智（かぐつち）、火産霊（ほむすび）と記されている。
◎「かぐつち」は「かぐ」「つ」「ち」よりなる。「かぐ」は「火」であり、「つ」は所有格の「の」であり「ち」は「霊が宿るもの」すなわち神である。
「おろち」は蛇の神、「いかづち」が雷の神である。すなわち「かぐつち」で「火の神」となる。「かぐ」は「火の神」ではなく、「火」そのものである。

迦具（かぐ）は「かか」と同様・「輝く」の意である。「かぐや姫」とは夜を火で輝かす、夜を火でこがすという意味である。古代語の「においをかぐ」や「かぐわしい」にも通じる言葉である。ものが燃えてにおいがするといった意味とする説もある。「土（つち）」は「つ」と「ち」よりなる。「つ」は現代語の所有格の××の▲▲の「の」に相当する語である。「ち」は神など超自然的なものを表わす言葉である。

火之迦具土神とは「輝く火の神」「ものが燃えている火の神」といった意味となる。

「かぐ」が「火の神」ならば火之迦具土神とは「火の」「かぐつち」「の神」となりは「火の火の神の神」となり少しおかしいことになる。「かぐ」は「火の神」でなく「火」なのである。
◎「かぐしま」は「火の島」ということになる。桜島のことではなかろうか。その桜島の「かぐしま」が転じて「かごしま」となった。鹿児は当然、後からの当て字である。

第五章　風土のアナロジー

一、大和と河内

⑴「二上山の蛙」の話

大和と河内の府県境の山としては古代大和の歴史の舞台にしばしば登場する二上山がある。二上山《ふたかみやま》に〝大和と河内の蛙〟という意味深い民話が伝わる。

大和の蛙は二上山の向こうの河内平野の大阪城を見たいと二上山に登った。一方、河内の蛙は二上山の向こうの奈良盆地の東大寺の大仏殿を見たいと二上山に登った。二上山の頂上でこの二匹の蛙は出会って、共に山の向こうを見ようと背伸びをして見て次のように言ったという。

大和の蛙は、河内の大阪城も奈良の東大寺の大仏殿とそっくりだ。河内の蛙は、東大寺の大仏殿も河内の大阪城とそっくりだ、と言って二匹の蛙は登ってきた道を下ったという。

蛙の目玉は顔の裏についているので背伸びして前方の国を見たのは後方の自分の国だった、という昔話だ。

この民話の意味することは実に深い内容だと思う。

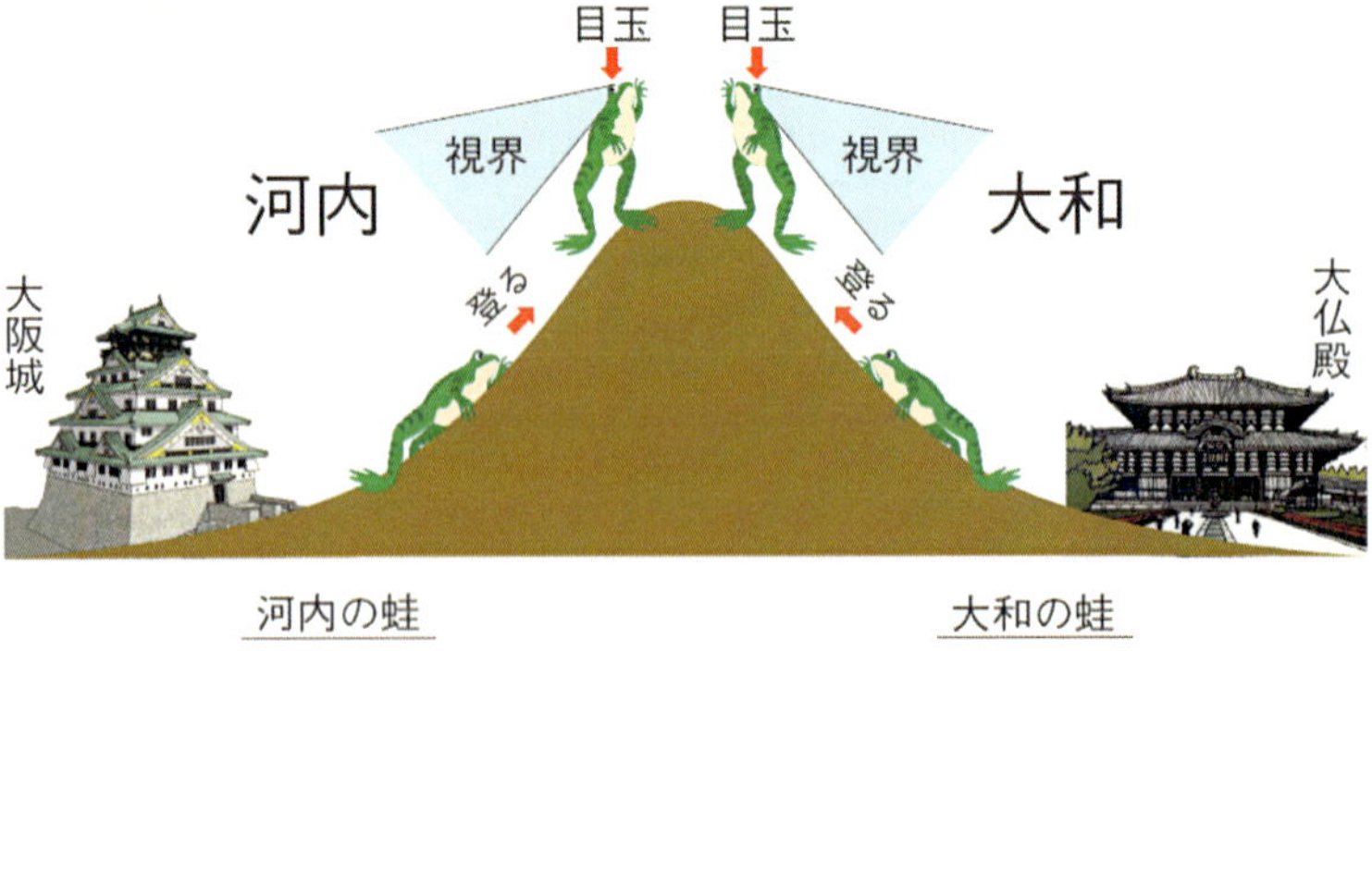

(2)〝大和〟と〝河内〟はそっくりだ！

大阪府と奈良県の府県境には南北方向に北に生駒山地があり、南に金剛山地がある。その両山地の狭さく部が亀の瀬渓谷である。大和盆地に降った雨は全てこの亀の瀬渓谷に集まり、亀の瀬渓谷を通過すると河内平野を流下して大阪湾に注ぐ河川が大和川である。

大和盆地と河内平野の風土資産の調査をすれば、ソックリなものが実に多いことに驚かされる。奈良の飛鳥は有名だが、河内にも飛鳥がある。

大和と河内には同じような地物・風物が沢山ある。大和と河内の境のシンボルの山が二上山で、大和の人々から見ると二上山の雄山と雌山の間に太陽は沈んで行き、河内の人々は二上山の雄山と雌山の間から太陽は昇ってくる。

大和と河内のアナロジー

	大和（奈良）	河内（大阪）
地名 河川名	橿原市（かしはら） （遠つ）飛鳥 飛鳥川（初瀬川支川） 水越川（葛城川御所市）	柏原（かしわら） （近つ）飛鳥 古市（羽曳野市） 飛鳥川（石川支川） 水越川（石川支川千早川）
古の大湖水	大和湖 東西約 10km、南北約 10km 最深部　広瀬神社の水足池	河内湖 東西約 10km、南北約 10km マッコウクジラの出土（石切）
亀石	亀石（飛鳥川原寺） （亀の漱石）	亀石（羽曳野・野中寺）
浄土真宗寺内町	橿原市今井　称念寺 大和高田御坊　専立寺 田原本御坊　教行寺	八尾御坊 大信寺 久宝寺御坊 顕証寺 富田林御坊 興正寺
油かけ地蔵	川西町吐田の油掛地蔵 奈良市古市町の油掛地蔵	八尾市亀井町の油掛地蔵 南船場の油掛地蔵
巨大歴史的建造物	奈良　東大寺	大阪城
風の神 火の神 水の神	竜田神社 久渡神社 広瀬神社	科長神社 建水分神社（美具久留神社）

生駒山地と金剛山地の南北方向の稜線を線対称軸として大和と河内はソックリである。あるいは生駒山地と金剛山地の狭窄部の亀の瀬を点対称として大和と河内はソックリなのである。

生駒山地は西縁の河内側が急傾斜、東側の大和側が緩傾斜の傾動地塊である。

一方、金剛山地は東縁の大和側が急傾斜で、西縁の河内側が緩傾斜の傾動地塊である。亀の瀬の狭窄部を点対称としてソックリである。その生駒山地の西側に柏原（かしわら）市があり金剛山地の東側に橿原（かしはら）市がある。この二つの柏・橿は漢字の表記こそ違うが同じオークoakブナ科のコナラ属の高木の総称である。柏原（かしわら）も橿原（かしはら）の地名由来は傾ぐ（かしぐ）原で、傾斜面を意味する柏原も橿原も亀の瀬の狭窄部を点対称としてソックリである。

注(1)－樫・橿・櫧（ブナ科コナラ属の常緑高木シラカシ、アラカシ、ウラジロカシ）

－柏・槲・檞（ブナ科の落葉高木）

二つの点対称の傾動地塊が噛み合う所が亀の瀬である。亀の瀬（かめのせ）の地名由来は噛むの瀬（かむのせ）である。亀の瀬渓谷には亀の形に似た亀の瀬岩があり大和の明日香に洪水伝説の亀岩があり、河内の藤井寺の野中寺の五重塔の礎石は明日香の亀岩とソックリな亀のデザインが施されている亀石である。

大和に飛鳥川と水越川があれば河内にも飛鳥川と水越川がある。近く飛鳥と遠く飛鳥である。

注(2)－近つ淡海は琵琶湖（近江）－遠つ淡海は浜名湖（遠江）

大和盆地の浸水常襲地帯の真ん中、安堵町吐田に油掛地蔵があれば、河内の浸水常襲地帯の真ん中、旧平野川筋にも油掛地蔵がある。共に、洪水のたびに水につかるので、油かけ地蔵にしたという。洪水のたびに泥の中に埋もれて掘り起こして水で泥を洗い落とすのが大変だ。油かけの地蔵なら、水没後水で洗えば簡単に泥は落とせるという。

実は油かけ地蔵は大和に二体、河内に二体ある。そのうち一体ずつは上述の浸水常襲地の油かけ地蔵であるが、もう一体ずつも洪水に関係ある地蔵さんのようだ。奈良市古市に有名な油かけ地蔵がある。この油かけ地蔵は岩井川の洪水で流されて来た地蔵である。大阪の船場の油かけ地蔵もまだ調査不足だが洪水と関係がありそうである。

大和と河内でもっとも相似アナロジーな風土資産の代表が大和の環濠集落と河内の寺内町である。共に大和川の毎年のように来襲する洪水のたびに大きな被害を受ける。大和と河内の浸水常襲地帯で生まれた人々の共助の知恵である。大和盆地の浸水常襲地帯では、今も多くの環濠集落が存在し機能を果たしている。大和郡山市の稗田や天理市の竹之内、広陵町の南郷、斑鳩町の高安などはその代表だ。環濠集落は自分達の集落のまわりに濠をめぐらし洪水から集落を守る共助の知恵である。

もうひとつは大和と河内にある寺内町である。寺内町は室町時代に浄土真宗などの道場・御坊などと称される仏教寺院を中心に形成された自治集落で、濠や土塁で囲まれた防衛的都市である。

寺内町は外敵からの防御の面もあるが大和・河内の寺内町は洪水・浸水から住民が皆んな助けあって守る共助の知恵でもある。八尾御坊の大信寺。富田林御坊の興正寺。久宝寺御坊の顕証寺。田原本御坊の教行寺。大和高田御坊の専立寺。橿原市今井の称念寺等々である。

主な寺内町

・伏木（富山県高岡市）－勝興寺・井波（富山県南砺市）- 瑞泉寺
・城端（富山県南砺市）－善徳寺
・金沢（石川県金沢市）－金沢御坊
・吉崎（福井県あわら市）－吉崎御坊
・一身田（三重県津市）－ 専修寺
・金森（滋賀県守山市）－善立寺、金森御坊
・赤野井（滋賀県守山市）－赤野井東別院、赤野井西別院
・山科（京都府京都市山科区）－山科本願寺
・大阪（大阪府大阪市中央区）－石山本願寺
・金田（大阪府堺市北区）－光念寺、長光寺、
・佛源寺（浄土真宗仏光寺派の寺内町）
・富田（大阪府高槻市）－教行寺
・貝塚（大阪府貝塚市）－願泉寺
・枚方（大阪府枚方市）－順興寺
・招提（大阪府枚方市）－敬応寺
・出口（大阪府枚方市）－光善寺
・久宝寺（大阪府八尾市）－顕証寺、久宝寺御坊
・八尾（大阪府八尾市）－大信寺、八尾御坊
・萱振（大阪府八尾市）－恵光寺、萱振御坊
・富田林（大阪府富田林市）－興正寺富田林別院(富田林御坊)（重要伝統的建造物群保存地区）
・大ケ塚（大阪府南河内郡河南町）－ 顕証寺、大ケ塚御坊
・尼崎（兵庫県尼崎市）－本興寺、長遠寺（法華宗の寺内町）
・小浜（兵庫県宝塚市）－毫摂寺
・今井（奈良県橿原市）－称念寺（重要伝統的建造物群保存地区）
・高田（奈良県大和高田市）－専立寺
・田原本（奈良県磯城郡田原本町）- 教行寺
・下市（奈良県吉野郡下市町）－願行寺
・御坊（和歌山県御坊市）－本願寺日高別院

(3) 大和と河内にとって二上山とは

大神神社から見て二上山の方向に太陽が沈む。「いかにも大和を大和らしくしている山が二上山だといっていいだろう。二上山を見ないと大和へきたという気がしない」中西進「万葉を旅する」「二上山を見ていると大和山抱かれているという安らぎを感じる」「秋分の日に二上山の真ん中に太陽が沈む」といわれている。実際には十月二日、三日、四日あたりだという説もある。

大和にいると太陽は二上山を目がけて沈む。二上山は「落日の門」。二上山の二つの頭は大津皇子と大伯皇女の姉弟を連想させる。

大阪の百舌鳥・古市古墳群からは二上山から日の出を迎える。河内にとって二上山は「旭日昇天の門」。

二、笠取山の蛙と勢多川・宇治川の左右対称

(1) 勢多川・宇治川の左右対称

琵琶湖の唯一の出口は瀬田川である。瀬田川は約七km南流し、信楽

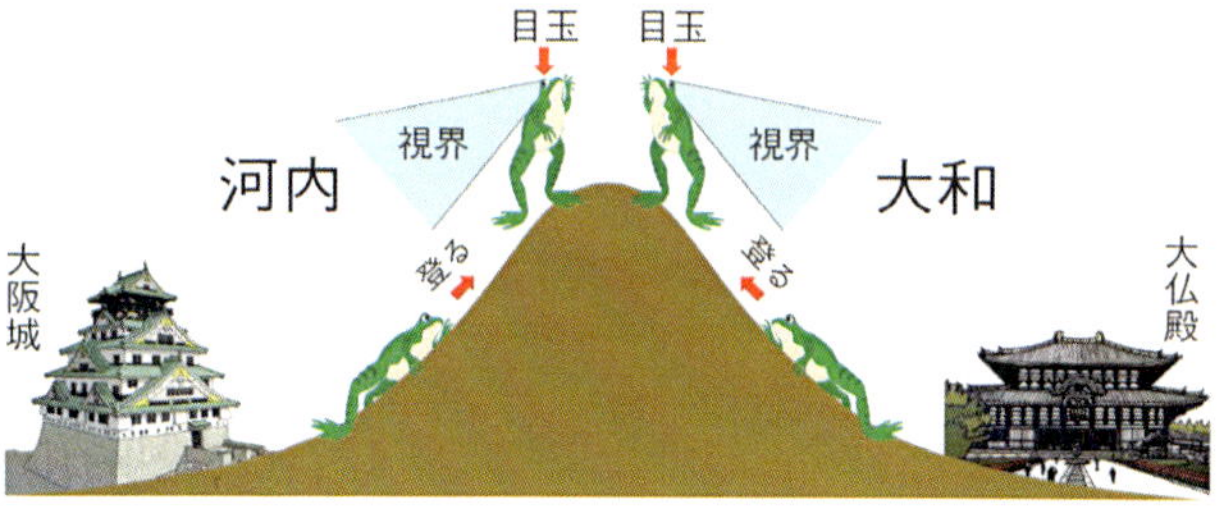

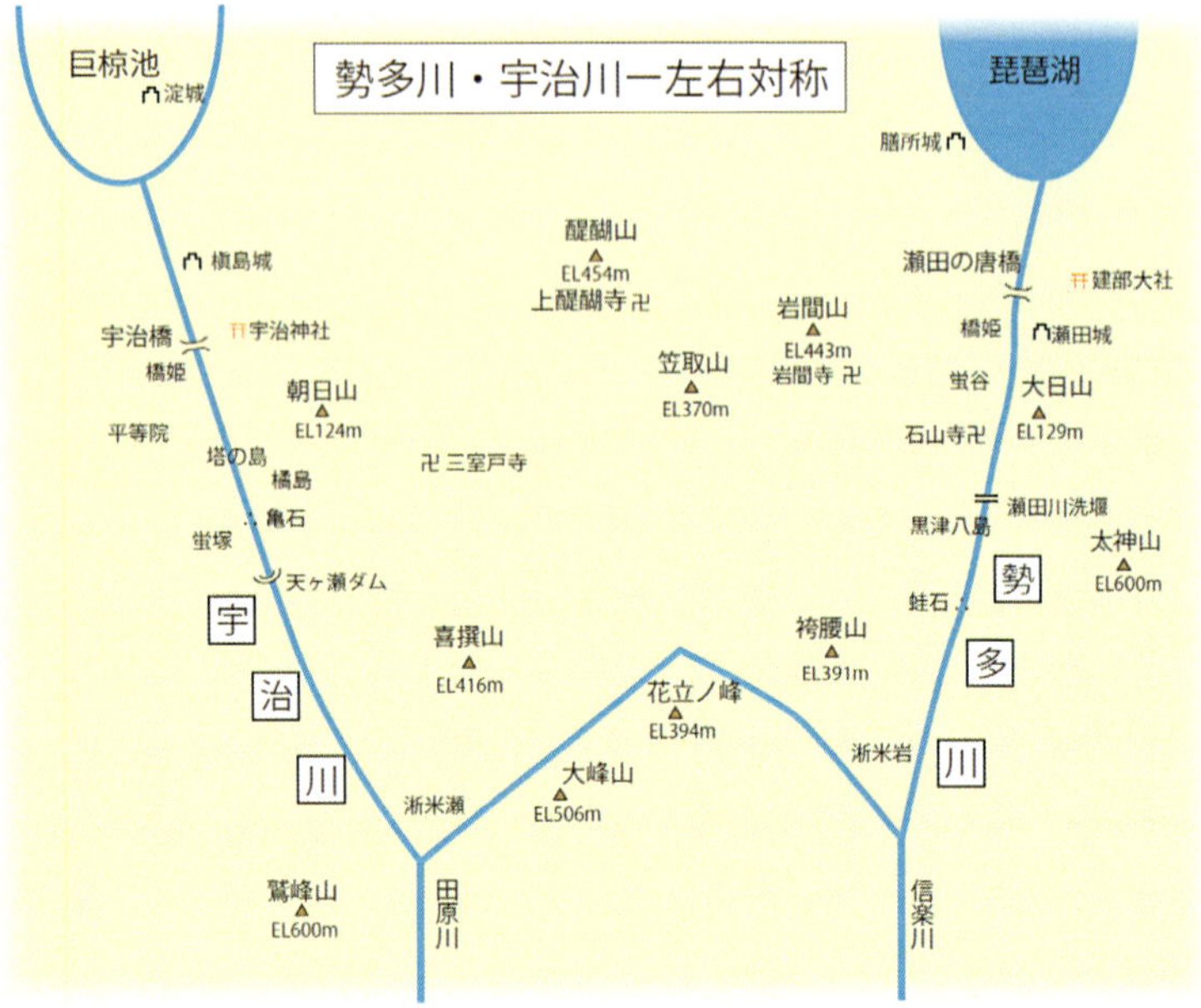

川を合流して北西方向に流向を変え、約四～五km。そしてまた南西方向に流向を変え約五～六km。さらに田原川を合流して流れを北に変え約七km。そしてかつての巨椋池に入る。W形の流れである。笠取山と花立ノ峰の南北に一直線に並んでいる。その線で折り曲げれば左右対称の流れである。滋賀県内を瀬田川（勢多川）と称し、京都府内では宇治川と河川名を変えている。勢多川と宇治川の左右対称の地物風物を見てみよう。

まず1番目　勢多川の上流は日本最大の琵琶湖に対し宇治川の下流は関西最大の巨椋池。

2番目は出入口にシンボルの日本三名橋がある。勢多川には瀬田の唐橋とその守り神の橋姫の祠が右岸にある。

宇治川には宇治橋とその守り神の橋姫の祠が左岸にある。

3番目は勢多川には琵琶湖との境界に膳所藩の主城の膳所城があり、その支城が瀬田川畔に瀬田城がある。宇治川には巨椋池との境界に淀藩の主城の淀城があり、その支城が宇治川畔の槇島城がある。

4番目は勢多川の川中には瀬田川のシンボルの蛙石があるのに対し、宇治川の川中には宇治川のシンボルの亀石がある。

5番目は勢多川の山吹崎かつて瀬田川一の名旅館柳屋のあったところだ。その下流に供御瀬の網代がある。宇治川には山吹の瀬は網代の名勝地である。ともに山吹と言っている。

6番目は勢多川にはホタルの名勝蛍谷があるのに対し、宇治川にはホタルの名勝蛍塚がある。

7番目は勢多川の右岸に名刹・石山寺があり左岸に近江の一の宮の建部大社があるのに対し、宇治川の右岸には宇治一の古社宇治神社があり、左岸には宇治のシンボルの名刹・平等院がある。

8番目は勢多川の上流の最大の急流が浙米岩（上の浙米）というのに対し、宇治川には最大の急流が浙米瀬（下の浙米）という。

9番目は勢多川左岸には行基の大日如来のある大日山があるのに対し、宇治川左岸には宇治天皇といわれる菟道稚郎子の墓のある朝日山がある。

10番目は勢多川の右岸は壬申の乱の敗者大友皇子の自害の地で大友皇子を祭神とする御霊神社があるのに対し、宇治川の左岸には治承の戦いの敗者源頼政の自害の地でそのゆかりの扇芝と鐙掛の松がある。

11番目は勢多川には光明を彩つ杉を見つけて弘法大師がその地に鹿の背に乗り勢多川を渡り立木観音を開いたという伝説があるのに対し、宇治川には光明を彩つ杉を見つけて念願の子供がさずかるありがたい上醍醐寺の光明杉の伝説がある。

12番目は大津には露皇太子に対し大津の巡査がサーベルで切りつける大津事件があったのに対し、宇治川では英国皇太子が上陸した地である。

13番目は勢多川の石山寺の月見亭で源氏物語の全体構想を練り上げたのに対し、宇治川で源氏物語の最後の十帖で終結している。

14番目は勢多川には上流琵琶湖の水位を制御する重要施設の瀬田川洗堰があるのに対し、宇治川には下流の宇治川・淀川の洪水制御の重要施設の天ヶ瀬ダムがある。

15番目は上流勢多川の木材の積み出し地が田上の牧（マキ）に対し下流宇治川で木材の積下し地が槙（マキ）島である。

16番目は今昔物語の世界で上流勢多川は鯉族の地に対し下流の宇治川は鰐族（海人族）の地である。

17番目は勢多川の月見の名勝は石山寺の月見亭に対し宇治川の月見の名勝地は朝日山であり宇治見山である。

18番目は勢多川には瀬田の真里等瀬田の七石と称される銘石があるのに対し、宇治川には宇治紫等宇治の七石と称される銘石がある。

19番目は勢多川の大戸川の合流点に黒津八島といわれる中洲の島が形成されているのに対し、

宇治川の巨椋池に出た所に槙島、夷島、大八島等八島以上ある中洲の島が形成されている。

20番目は瀬田の唐橋や供御の瀬で歴史上に残る五つの大戦が繰り広げられた。一方宇治川も宇治橋を対峙して歴史上に残る五つの大戦が繰り広げられた。

勢多川と宇治川ではないがその延長線上で上流の琵琶湖は天下人となった織田信長が最後の夢の安土城を築城したところであるのに対し、下流の巨椋池は天下人になった豊臣秀吉が最後の夢の伏見城を築城したところである。

上流勢多川にはセタシシが生息するのに対し下流の巨椋池はオグラシジミが生息していた。琵琶湖と巨椋池以外生息していなかった淡水の最大二枚貝のイケチョウガイの産地であった。イケチョウガイは琵琶湖と巨椋池しか生息していなかった。今は一部霞ケ浦にも移植されているようである。上流の滋賀県は信楽のタヌキに対し下流の伏見稲荷はキツネの地である。又、勢多川も宇治川も共に月見の名勝で月をめでるのですが、単に天にかかる月をめでるだけではなく、川面にうつる月、そして湖上にかかる月、さらには盃の中の月と４つの趣のちがう月をめでている。

勢多川と宇治川のアナロジー

	勢多川	宇治川
大きな湖水面	上流は広い琵琶湖	下流は広い巨椋池
出入口のシンボルの名橋	瀬田の唐橋（日本三名橋）	宇治橋（日本三名橋）
橋の守り神	右岸に橋姫祠	左岸に橋姫祠
名城（主城）（枝城）河畔	琵琶湖の境界・膳所城 瀬田城	巨椋池との境界・淀城 槙島城
川中のシンボルの岩	蛙石	亀石
瀬と網代	山吹崎 供御瀬 網代	山吹の瀬 網代
ホタルの名勝	蛍谷	蛍塚
寺社	入口右岸 石山寺 入口左岸 建部大社	右岸 宇治神社 左岸 平等院
轟の瀬	淅米岩（上の米かし）	淅米瀬（下の米かし）
出入口の名山	左岸 大日山（行基の大日如来）	右岸 朝日山（菟道稚郎子の墓）
歴史上の自害の地	大友皇子の自害の地（壬申の乱）	源頼政の自害の地（扇芝・鎧掛松）
光明を彩つ杉	立木山の立木観音	小醍醐寺の光明杉
外国皇太子	露皇太子災難地	英皇太子・上陸地
源氏物語・紫式部	石山寺月見亭 全体構想の地、最初の明石・須磨の巻	最後の十帖（宇治十帖の地）
重要河川施設	瀬田川洗堰 上流琵琶湖の水位を制禦	天ヶ瀬ダム 下流の宇治川・淀川の洪水を制禦
舟運・筏流し	上流・積み出し 田上の牧（マキ）	下流・積みおろし 槙（マキ）島
鯉と鰐鮫の争い	上流は鯉族の地	下流は鰐族（海人族）の地
月見の名勝	石山寺の月見亭	宇治川の朝日山，宇治見山
川中より産出・名石	瀬田の真黒	宇治紫
川中の島	（黒津八島） 道万島，彦太郎島，かうとう島，大島，高島，上の島，小島，しめの原島	橘島，塔の島，槙島，夷（蛭子）島，大八木島，葭島，与五郎島，相島
戦いの舞台	瀬田川・供御瀬の戦い ①壬申の乱 672 年 7 月瀬田橋の戦 ②元暦元年（1184）源範頼・今井兼平の戦い ③承久 3 年（1221）承久の乱 後鳥羽上皇と幕府軍 ④建武 2 ～ 3 年（1335 ～ 36）後醍醐天皇と足利尊氏の戦い ⑤元亀 4 年（1573）織田信長軍と足利義昭軍の戦い	①橋合戦 治承 4 年（1180）以仁王と源頼政の戦い ②寿永 3 年 義経軍と義仲軍の先陣争い ③承久の乱 ④応仁・文明の乱（1467 ～） ⑤織田信長の槙島城攻め

(2) 笠取山の蛙

◎創作民話－大津の蛙と宇治の蛙

瀬田川に棲む蛙は、瀬田の唐橋は最大の自慢であった。下流の宇治に宇治橋という天下に名高い名橋があると聞いていたので、ぜひこの目で見て瀬田の唐橋と比較して見たいと考えていた。宇治川に棲む蛙は、宇治橋が最大の自慢であった。上流の大津に瀬田の唐橋という天下に名高い名橋があると聞いていたので、是非ともこの目で見て、宇治橋と比較してみたいと考えていた。ある日宇治と大津の蛙は境界の笠取山にまだ見ぬ名橋を見るために登った。頂上で二匹の蛙はぶち当たり、両方の蛙は背伸びをして見た。二匹の蛙は『なんだ、両方の橋は余りにも瓜二つでそっくりだ』と言って、下山した。二匹の蛙が見たのは自分のところの橋だった。蛙が背伸びして見たのは自分が登ってきた後ろの地域を見ていた。蛙の目は後ろについている。

(3) 宇治と大津にとって笠取山・喜撰山とは

現在の笠取山は東笠取と西笠取の境界の山、歌に詠まれた笠取山は醍醐山だという。醍醐山から巨椋池干拓地は運が良ければ大阪湾を見ることが出来る。高尾山からは宇治の市街を見ること

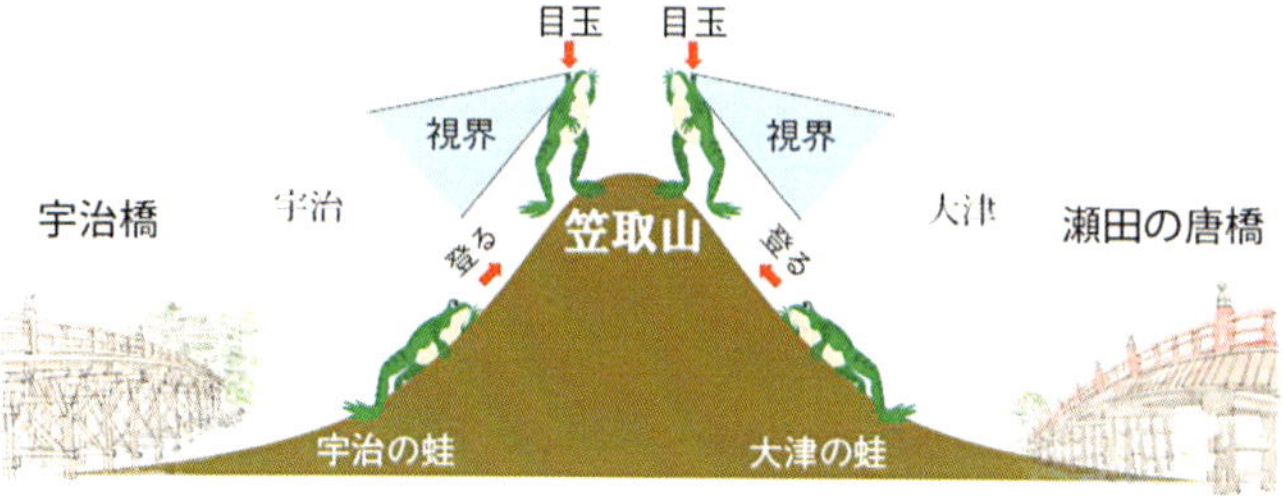

が出来る。岩間山の登山道からは勢多川そして大津の湖南が見えるという。四周の山々(醍醐山、高尾山、岩間山)の真ん中に位置する笠取山、喜撰山からはどこも見えない。笠取山、喜撰山は宇治・大津から最も隠れた地である。

三、日本三古橋と橋姫物語

⑴ 宇治橋と瀬田の唐橋の対比

勢多川のまず最初に瀬田の唐橋があり、宇治川の出口に宇治橋がある。宇治橋と瀬田の唐橋は山崎橋と共に日本三古橋として数々の歴史の舞台となった。山崎橋は西国から京に向かう時に淀川の狭窄部に架かる歴史に名だたる名橋であるが、現在はない。日本三古橋のうち現存するのは瀬田の唐橋と宇治橋のみである。ところで伊勢神宮の入口に架かる名橋も同じ名前の宇治橋である。

瀬田の唐橋と宇治橋は歴史的名橋として高欄や擬宝珠等は何度かの架け替え時にもその姿形は残されるように配慮がなされてきた。しかし、下部工、上部工の主要部材は瀬田川・宇治川の激流に架かるため、現在はコンクリート製に架け替えられている。

伊勢の宇治橋は内宮への入口・玄関という信仰の対象であり、伊勢神宮と一体のものとして、現在も20年毎の式年遷宮に合わせて、主要部材も含めて巨木により名実共に和式木製橋として架橋されている。二つの宇治橋と瀬田の唐橋そして山崎橋の対比をしてみる。

まず、瀬田の唐橋と宇治橋は外観はソックリだが、実は決定的な違いは宇治橋には「三の間」という欄干があるが、唐橋にはない。実は伊勢神宮の入口の五十鈴川にかかる橋も宇治橋という。伊勢神宮にかかる宇治橋は二十年毎の式年遷宮時に古式にのっとり本殿とともに全て木製でソックリ架け替えられている。瀬田の唐橋や宇治の宇治橋以上に昔のイメージが残っている。瀬田の唐橋の右岸側に橋姫の祠があり、唐橋と勢多川を守っている。宇治の宇治橋の左岸側に橋姫の祠があり宇治川を守っおり、。実は伊勢の宇治橋にも宇治橋の守り神として饗土橋姫神社が宇治橋の渡り口の手前に建立されている。この祠も式年遷宮時に建て替えられている。

◎伊勢の宇治橋と饗土橋姫神社について

○宇治橋の守護神である饗土橋姫神社は宇治橋と対面二〇〇メートルのところにある。
○神宮式年遷宮で百二十五社が建て替えられる中、饗土橋姫神社は最も早く建て替えられる。
○饗土とは、疫病神や悪霊などの悪しきものが入るのを防ぐための饗応の祭を行う土地という意である。
○宇治橋の起源は不明、饗土橋姫神社の創建も不明である。
○文明九年（一四七七）宇治橋架け替えの際に橋姫神社も建て替えが行われている。

(2) 橋姫とは何者か

そこでも問題の橋姫とは一体何者なのでしょう。

橋姫物語

◎橋姫はどこに祀られているのか

宇治の宇治橋、瀬田唐橋、伊勢の宇治橋（饗土橋姫神社）の他、大阪の長柄橋と仙台の広瀬橋と岡山の京橋（橋姫稲荷明神）の神橋に祀られている。橋姫神社である。

橋姫とは何者か、六説ある。

①山には山の神あり、橋には橋の神あり。橋の守護神。

○外部から外敵侵入を防ぐ橋の守護神

②離宮の神、夜毎に通い給うもの。暁毎に夥しく波の立つ音。

③男に妬みのある女、丑の

日本三古橋

	瀬田唐橋	宇治橋（山城）	宇治橋（伊勢）	山崎橋
河川名・地点	瀬田川（大津市）	宇治川（宇治市）	五十鈴川（伊勢市）	淀川（大山崎町～八幡市橋本）
日本三古橋	勢多次郎	宇治三郎	—	山崎太郎
最初の架橋	景行天皇の時代	大化２年（646）	建久年間（1190年代）	神亀２年（725）
架橋者（当初）	丸木舟を何艘も並べ藤葛で絡めた搦橋	道登（宇治橋断碑）道昭（続日本紀）	内宮創建当初は架けられていない。浅瀬に石を並べて渡った	行基
その後の再建等橋の歴史（戦場の歴史）	・神功皇后の時代忍熊皇子が武内宿禰軍に攻められて自害・壬申の乱（671）大友皇子と大海人皇子の最後の決戦場・恵美押勝の乱（764）孝謙上皇方が唐橋を焼く・藤原秀郷の大ムカデ退治・源平合戦義経と義仲の合戦	・宇治川の戦い寿永3年（1184）源義仲と源範頼・義経 ・宇治川先陣争い ・宇治橋の合戦 源頼政の子仲綱が平清盛の三男に愛馬を奪われる	稲苅十穀乗賢・文明9年（1477）沙門道順、観阿、守悦 永禄6年（1563）御裳濯橋架橋 俗界と聖界の境にある橋 宇治橋の鳥居	嘉祥3年（850）11世紀廃絶 豊臣政権下で一時復活、現在に至るまで再建されていない
橋の守護神	橋姫（右岸祠）	橋姫（左岸神社）	饗土橋姫神社	
構造橋梁型式	昭和54年（1979）木橋からコンクリート橋 擬宝珠は受け継がれている「文政」「明治」等の銘	現在の橋は平成8年3月 長さ155.4m、巾25m 現存最古の擬宝珠	長さ101.8m、巾8.42m和橋 明治以降、神宮式年遷宮に合わせて架け替えられている	
			昭和44年（1969）下部のみコンクリート基礎	

日本三名橋といわれる山崎橋は山崎太郎、そして唐橋は勢多次郎、宇治橋は宇治三郎とそして伊勢の宇治橋の対比表をつくってみました。

刻に参りて河瀬に髪を浸して悪鬼と化す。復讐の鬼女。嫉妬に狂う女。
◎橋姫は嫉妬深い神（嫉妬の鬼）橋姫の祀られている橋の上で他の橋を褒めたり、また女の嫉妬をテーマとして『葵の上』や『野宮』などの謡曲をうたうと必ず恐ろしい目に合う。◎後妻に夫を奪われた女性。復讐の鬼女◎縁切りの神、悪縁を切る御利益がある
④思い交したる女。恋しき女。我を待つ女。
◎愛らしいの古語は「愛（は）し」が橋に通じ愛し姫。愛する人を待つ女性
⑤人柱（人身御供）
○古くは水神信仰の一つ橋の袂に男女二神を祀ったことに始まる
⑥源氏物語の橋姫の巻あり、これになぞらへて書けるのみ
◎天皇の御世（八〇九年‐八二五年）、とある公卿の娘が深い妬みにとらわれ、貴船神社に七日間籠って「貴船大明神よ、私を生きながら鬼神に変えて下さい。妬ましい女を取り殺したいのです」と祈った。明神は哀れに思い「本当に鬼になりたければ、姿を変えて宇治川に二十一日間浸れ」と告げた。
女は都に帰ると、髪を五つに分け五本の角にし、顔には朱をさし体には丹を塗って全身を赤くし、鉄輪（かなわ、鉄の輪に三本脚が付いた台）を逆さに頭に載せ、三本の脚には松明を燃やし、さらに両端を燃やした松明を口にくわえ、計五つの火を灯した。夜が更けると大和大路を南へ走り、それを見た人はその鬼のような姿を見たショックで倒れて死んでしまった。そのようにして宇治川に二十一日間浸ると、貴船大明神の言ったとおり生きながら鬼になった。これが「宇治の

橋姫」である。

橋姫は、妬んでいた女、その縁者、相手の男の方の親類、しまいには誰彼構わず、次々と殺した。男を殺す時は女の姿、女を殺す時は男の姿になって殺していった。京中の者が、申の刻（十五〜十七時ごろ）を過ぎると家に人を入れることも外出することもなくなった。

四、勢多川と宇治川を結ぶもの

(1) 隠れた地

都から隠れ棲む地（敗者と賢聖人）

勢多川と宇治川の地は都の巽（たつみ）の方角で敗者や賢人や聖人の隠れ棲む地なのである。

〔1〕平家と源氏の落人の里　①志津川は伝説によれば平家の落人集落だという。②池尾は源氏の落人集落という伝説がある。

〔2〕都を捨てた三聖人の隠棲地　①喜撰法師（喜撰山・喜撰窟）②鴨長明（方丈石）③猿丸太夫（宇治田原）

◎喜撰法師・謎の人　隠れ棲んだ一番の有名人は喜撰法師である。○平安時代初期の僧・歌人、六歌仙の一人である。○「古今和歌集仮名序」に「ことばかすかにしてはじめをばたしかならず。いはば秋の月を見るに暁の雲にあへるごとし。詠める歌、多くきこえねば、かれこれをかよはしてよく知らず」と評されている。○喜撰法師は謎の人でいろいろな説がある①紀貫之の変名。②桓武天皇の末裔。③橘奈良麻呂の子。の三説がある。

「わが庵は都の辰巳しかぞする世を宇治山と人はいふなり」

「木の間より見ゆる谷の蛍かもいさりに海へ行くかも」

『泰平の眠りをさます上喜撰たった四杯で夜も眠れず』ペリーの黒船蒸気船と宇治の銘茶・上喜撰をかけた名句である。喜撰窟が喜撰山の中腹に遺されている。

◎猿丸太夫

三十六歌仙の一人猿丸太夫の猿丸神社も宇治田原にある。「おく山に紅葉ふみわけ鳴く鹿の声きく時ぞ秋は哀しき」

喜撰法師と猿丸太夫も一体誰なのか。さっぱり分からない。謎だらけの人である。

◎鴨長明

隠れ棲んだ賢人としては鴨長明を挙げなければならない。隠棲地碑が建立されている。その地で書き残したのが『方丈記』である。

鴨長明『方丈記』の名文がある。

「ゆく河の流れは絶えずして、しかももとの水にあらず。淀みに浮かぶうたかたは、かつ消えかつ結びて、久しくとどまりたるためしなし。世の中にある人とすみかと、またかくのごとし」

「朝に死に、夕べに生まるるならひ、ただ水のあわにぞ似たりける」

「知らず、生まれ死ぬる人、いづかたより来たりて、いづかたへか去る。また知らず、仮の宿り、たがためにか心を悩まし、何によりてか目を喜ばしむる。その、あるじとすみかと、無常を争ふさま、いはば朝顔の露に異ならず」

〔3〕敗者の筆頭◎信西入道

敗者の筆頭として信西入道がいる。信西入道塚が宇治田原にある。信西入道は貴族であり、当時№1の大学者であった。平清盛の熊野詣の隙に源頼朝は信西の首をとる。熊野からとって帰した清盛に敗れた源頼朝の伊豆への流刑の地で旗揚げたものである。

その歴史から隠れた地に着目して勢多川と宇治川を結ぶものとして一話ほどをとりあげてみたい。

〔4〕斎宮・菟道磯津貝姫（皇女）の隠棲地

敏達天皇七年（五七八）の斎宮「菟道磯津貝姫」という皇女が池辺皇子との仲を疑われて斎宮の任を解かれて志津川のあたりに隠棲した。

⑵ 日本の水力発電黎明の地

琵琶湖と巨椋池との間は距離にすれば短いが大きな落差がある。これに着目して日本初の水力発電・蹴上発電所を造ったのが琵琶湖疏水の田辺朔郎であった。高圧送電技術が出来てきたのをいち早く取り入れ大阪・京都の大都市の電気需要に着目したのが、高木文吉らの①宇治川発電所②大峰堰堤・志津川発電所③大峰発電所等の発電所群であった。日本の水力発電黎明の地である。

(3) 勢多川と宇治川を結ぶもの

〔1〕巨木の筏流しの　①積み出し地が田上牧であり②流されてきた巨木の地が引き上げ槙島である。両地名は「マキ」がつく。

〔2〕宇治の柴舟　①田原郷で柴薪を束ねたまま田原川に放流　②下流宇治の甘樫浜で拾い上げる。甘樫浜は天ヶ瀬ダムの地名由来の地である。

〔3〕新羅の王子「天の日槍」伝説の地である

〔4〕鯉と鰐・鮫の争い地である（今昔物語巻三十一）

〔5〕田原の藤太伝説地である、①三上山のムカデ退治（瀬田唐橋）と②宇治田原町は田原の藤太ゆかりの地である。

〔6〕「三間水」の流れである　①竹生島弁財天　②瀬田唐橋の下・竜宮　③宇治橋の三間

〔7〕若狭の遠敷川の「お水送り」と奈良東大寺二月堂「お水取り」

〔8〕宇治川ラインと陸の鉄路　①京阪宇治線　②大津電車　③おとぎ電車

現在の天ヶ瀬ダムの所から、上流に向かって約三・五キロメートル。宇治川の右岸の渓谷美をながめながらガタゴト進む愉快な電車が走っていた。おとぎ電車と呼ばれ、子供たちの記憶に深く刻みこまれた。昭和二十五年（一九五〇）から三十五年までの十年間という短い運行期間だった。宇治川の上流部には烏帽子岩や不動岩、千束岩などといった奇岩・怪石が続く名勝地であることは知られていたが、知る人ぞ知る秘境であった。

宇治川発電所の工事用トロッコ道の後を使って観光開発しようという機運が生まれた。宇治川発電所から大峰ダム下流まで三・五キロをおとぎ電車（二十五分）、大峰ダムから外畑まで宇治川ラインの遊覧船（上り四十分、下り三十分）そして外畑から石山寺まで京阪バス二十分というコースであった。

昭和二十五年には毎日新聞社が主催した「日本観光地百選」の河川の部で宇治川に第一位の栄誉が加わった。

二年目の昭和二十六年には乗客は日々増加し、休日などは待ち時間二時間半にも達し、うれしい悲鳴をあげた。しかし昭和二十八年の台風十三号他豪雨洪水等で運行不能がつづきとうとう廃止されることとなった。勢多川・宇治川を往来したものがいくつかある

(4)左右対称軸

勢多川・宇治川左右対称軸はほぼ東経一三五度五十分である。

この軸を北に延長すれば若狭の遠敷川で、南に延長すれば東大寺の二月堂である。経緯度関係を表にしてみた。

東経一三五度五十分あたりの経線には良弁の物語が秘められている。

◎東大寺・二月堂お水取り

○良弁僧正は出自の謎を秘めた高僧である。良弁の高弟の実忠和尚が二月堂を建立した。どうもお水取り神事の隠れた謎がありそうである。

『良弁杉由来』歌舞伎

良弁と言えば『良弁杉由来』の歌舞伎が有名である。そのストーリーを見てみる。

○近江国志賀里領主水無瀬左近元治は菅原道真の家臣である。○道真が筑紫に流罪となり、そこで亡くなった。その後を追って殉死する。○妻「渚の方」は忘れ形見の光丸を連れて夫の墓参りに来た。○墓参りの隙にオオワシが光丸を攫って飛び去った。○渚の方は半狂乱となって我が子を捜す。○それから三十年、良弁は毎日春日大社へ参拝し、二月堂の前の大杉に巡礼するのが日課となった。○ある日、大杉に一枚の張り紙があった。良弁はこれを張った主を捜させた。あたりには乞食の老婆しかいない。○良弁はその老婆を連れてくるように命じた。○母が守り袋を子供につけておいたという。良弁の守り袋であった。○三十年振りに母子が巡り会った○母・老婆は「故郷に戻って尼となり、夫の菩提を弔いたい」という○良弁は観音像を本尊とする寺を志賀の里に建立した。それを石山寺と名付けた。

経緯度表

	北緯	東経
東大寺二月堂	34度41分21.4秒	135度50分39.4秒
若狭の遠敷川のお水送りをする所	35度27分34.8秒	135度46分58.7秒
笠取山 (宇治と大津の間)	34度56分3.08秒	135度51分46.54秒
喜撰山	34度53分47.65秒	135度50分51.5秒
醍醐寺	34度57分3.57秒	135度49分10.51秒

◎「良弁」とはいかなる僧なのか？

○持統天皇三年（六八九）～宝亀四年（七七四）○奈良時代　華厳・法相宗の僧、東大寺の開山となる。大変な僧である。○しかしその出自は謎だらけである。出自について三説がある。(1)

相模国の柴部氏　⑵近江国の百済氏　⑶若狭小浜の下根来白石の出身
○野良仕事の母を目を離した隙に鷲に攫われ奈良の二月堂の前の杉の木に引っかかっていた。それを良弁杉と称されている。○義渕に僧として育てられ、師事し法相唯織を学んだ○東大寺大仏建立の功績により東大寺初代別当となった。○近江志賀の石山寺の建立○伊勢原市の大山寺の開基○東大寺の法華堂、二月堂は良弁の創建○二月堂は良弁の高弟が築造したと伝わる。

◎東大寺二月堂のお水取りとは

二月堂の○本尊は「大観音」「小観音」二体の十一面観音で絶対の秘仏である。
○旧暦二月の「お水取り」（修二会）が行われる。
○良弁の両親は観音菩薩に願って子を授かった。金色の大鷲に攫われて行方不明になった。興福寺の義渕が春日大社の参詣の途中に杉の梢に赤子を見つけて育てたのが良弁である。
○東大寺の僧侶が人々にかわって罪を懺悔して国家の安泰と万民の豊楽を祈る法要
○天平勝宝四年（七五二）良弁の高弟・実忠和尚により修二会（お水取り）が始められた。
○三月十三日の午前二時に若狭井という井戸から観音様に御供えする「お香水」を汲み上げる儀式が「お水取り」

東大寺二月堂のお水取り
○お水取り（修二会）　三月一日から二週間
○二月堂の開祖　実忠和尚
○天平勝宝四年（七五二）大仏開眼の二カ月前から。天下世界の安穏を願って始められた

○若狭井の水（聖水）
神宮寺と遠敷川・鵜の瀬のお水送り
○二月堂の若狭井に届くまでに十日かかる
○良弁は若狭小浜の下根来（白石）出身説がある。
○実忠（インドからの渡来僧）若狭で修行
○三月二日の午前十時　下根来（しもねごり）八幡宮の長床で行なわれる山八神事から始まる
○午後一時　神宮寺修二会、遠敷明神前で神事○午後六時　お水送り　三千人の山伏僧侶が松明行列で鵜ノ瀬に向かう

◎東大寺大仏と水銀

奈良の大仏の製作工程を見てみる。

①木製の支柱を組み、これに麻縄などをまきつけて塑像の大仏の原型の芯をつくる②これに土を塗り付ける。粗いものから順に細かい土を上塗りをし仕上げは石膏で銅像と同じ形の石膏像をつくる③十分乾燥してから中型と接着しないように剥離剤として薄い紙をはさみ、下から上へ段に分けて外型をつくる④外型を適当な幅で割り、中型から外す⑤外型の内面で火で焼き、形くずれしないようにする⑥中型の表面を一定の厚み五㎝くらいを削る。この削った分が完成後の銅の厚み⑦一度外した外型を再び組み合わせ外型と内型がくずれないよう型技（四寸四方厚さ一寸の金属片三三五〇枚）をつける⑧炉で高温で銅を溶かし外型と内型の隙間に石の溝から流し込む⑨外型をはずして表面を磨き⑩水銀と金のアマルガム合金を湿布した後に加熱して水銀を蒸発させ

て金メッキをする
◎東大寺の大仏
①銅　四九六トン　長州長登銅山②金　四三七キログラム　陸奥涌谷町砂金三七・七キログラム他③水銀　二・五トン　丹生鉱山（伊勢・多気他）④木炭　一万六六六五六石　水銀気化用○寄進者四十二万余人○役夫　二一八万人

金メッキ工法は金アマルガム（金一に対し水銀五）法によた。金四一八七両（一両四〇・五グラム）、水銀二万五一三四両三五〇度の高温で焼きヘラ状のもので磨くと黄金になる。

○銀金役夫五十一万四九〇一人

多くの人が水銀中毒になり死亡したと考えられると香取忠彦氏は説く。（香取忠彦「文化・日本メッキ事始め」二〇〇六年二月九日（木）北陸中日新聞朝刊）

◎平城京から平安京へ

聖武天皇七〇一～七五六（七二四～七四九在位）この間の歴史をたどれば
○七二九年　長屋王の変　○七四〇年　藤原広嗣の乱（政変）
○七三七年　天然痘（疫病）
○七三二年　干ばつ
○七二八年　流星・断散して宮中に落ちる（異変）
○七三四年　大地震
○七四〇年　平城京から恭仁京（木津川市加茂）

○七四二年　紫香楽宮（賀宮）
○七四四年　難波宮
○七四五年　平城京へ戻る
○七四三年「大仏造立の詔」
○七四九年　大仏鋳造完了
○七五二年　四月九日大仏開眼法要
聖武上皇、光明皇太后、孝謙天皇　一万数千人、導師はインドから招く。
桓武天皇七三七〜八〇六（七八一〜八〇六在位）
○孝謙上皇の病を治した道鏡などの僧侶、仏教勢力の拡大、それを排除して心機一転政治を立て直したい。○天皇即位の時から弟早良（さわら）親王を皇太子と定めていたが、自分の息子に継がせたくなった。○平城京から長岡京への遷都プロジェクトリーダー藤原種継が暗殺される。この事件で大伴氏と早良親王を処分した。七八四年長岡京遷都○母や皇太后の死。○都で洪水と疫病・飢饉は早良親王の祟り「怨」だと言われた。
○七九四年平安京遷都
◎何故聖武天皇は平城京から遷都したかったのだろうか
即位後、不吉な天変地異（宮中への流星の落下・旱魃・地震・天然痘等）が起きるとともに反乱や政変が続いた。平城京をそれらから守り、永遠の平城京の繁栄を願い大仏造立した。しかし、大仏開眼後、都では多くの民が謎の不吉な病死（水銀中毒死）した。平城京を捨てどこかへ遷都し心機一転を図りたいと考えたのではなかろうか。

五、斐伊川のアナロジー

(1)斐伊川と日野川

斐伊川と日野川――水源を同じくし、同じ遺伝子を持つ兄弟河川

一つの水源の山から発し、全く違う所に出る河川は幾つもある。その代表格が、甲武信ヶ岳を水源とする三大河である。一つは甲州を経て駿河湾に下る富士川、一つは武州を経て東京湾に下る荒川、あとの一つは信州の千曲川・信濃川を経て日本海・新潟に下る。甲州（山梨県）・武州（埼玉県）・信州（長野県）の三国の国名一字ずつを冠する甲武信ヶ岳の山頂に降った雨は、少しずれると全く違う所へ行ってしまう。運命の岐路の山頂である。

一方、同一の水源の山から発し、全く違う所を経由するがいずれ行きつく先はまったく同一の処へ流出する河川の代表格は、斐伊川と日野川ではないだろうか。

斐伊川は出雲の国と伯耆の国の国境の山・船通山（ＥＬ一一四七メートル）に発し、出雲の国を流過し、宍道湖・中海を経て弓浜半島の先端、境港で海に出る。一方、日野川は同じく船通山に発し、伯耆の国を流過し、弓浜半島の付け根の米子市で海に出る。両河川は同一の水源の山に発し、同一の場所弓浜半島を河口とする同一の運命・宿命を持つというより、同一の遺伝子を共有する双

子の兄弟河川と見ることができるだろう。

斐伊川は、『古事記』には「肥河（ひのかわ）」、『日本書紀』には「簸川（ひのかわ）」と記されている。斐伊川も日野川もその水源の山は船通山（EL一一四七メートル）であり、船通山に発する水流はすべて「ひのかわ」なのである。

日野川の水源の山としては、船通山と共に存在を忘れてはならない山が大山（EL一七二九メートル）である。大山は「火の山」であり、「火の山」から流れ下る川はやはり「ひの川」なのである。

斐伊川と日野川も水源の山が同じ船通山であり、河口が同じ弓ヶ浜半島である。そして両河川共に途中通過する地点では、非常に個性的な二つの平野が形成されている。斐伊川が宍道湖に出るところに中国山地から流送されてくる大変な量の真砂で形成された簸川平野（出雲平野）と、宍道湖と中ノ海の間に形成された県都の所在する松江平野の二つの平野である。

簸川平野は、上流からの大量の土砂流出による破堤の歴史を繰り返し、その結果形成された平野で、そこに流れる斐伊川は、破堤と築堤の繰り返しによって大変な天井川となった。

もう一つが宍道湖の溢れる水が作った松江平野である。宍道湖の出口の大橋川の排水不足に起因する洪水の氾濫により形成されたものである。

一方、日野川には、岸本町の押口あたりを扇頂とする大扇状地かつくる淀江平野と米子平野の二つの平野がある。

淀江平野は、上流からの大量の土砂流出による扇頂部付近での破堤の歴史を繰り返し、現在の東端の佐陀川から西端の現・日野川流路の間を過去いくたびも流路を変えた歴史がつくった扇状

<table>
<tr><th colspan="2"></th><th>（出雲）斐伊川</th><th>（西伯）日野川</th></tr>
<tr><td colspan="2">河川名のルーツ</td><td>肥河（古事記）ひのかわ
簸川（日本書紀）ひのかわ</td><td>船通山に発する水流はべて「ひのかわ」</td></tr>
<tr><td rowspan="2">河川
諸元</td><td>流路延長</td><td>121 km
104.8 km（宍道湖を除く）</td><td>77.4 km（80.0 km）</td></tr>
<tr><td>流路延長</td><td>2070k ㎡</td><td>862.5 k㎡</td></tr>
<tr><td colspan="2">水源の山</td><td>船通山（EL1143m）</td><td>船通山（EL1143m）
大山（EL1729 m）ひの山</td></tr>
<tr><td colspan="2">二大平野</td><td>出雲平野（簸川平野）
松江平野</td><td>淀江平野
米子平野</td></tr>
<tr><td colspan="2">河口</td><td>境港市
（弓ヶ浜半島の先端）</td><td>米子市
（弓ヶ浜半島の付け根）</td></tr>
<tr><td colspan="2">大国主命が殺された後、生き返った地</td><td colspan="2">〔手間山と赤猪岩神社〕大国主命が八十神達の殺害計画で、手間山から転げ落ちる赤猪岩で亡くなる。大国主命が赤貝姫とはまぐり姫の治癒により生き返った所。</td></tr>
<tr><td colspan="2">出雲の国譲り神話</td><td colspan="2">〔三穂の碕〕三穂の碕で釣りをしていた事代主命は、天つ神の国譲りの要求を呑み、海の中に八重蒼柴籬を造ると、そのまま海の底に消えた。</td></tr>
<tr><td colspan="2">国引き神話</td><td>〔杭〕三瓶山
〔網〕園の長浜</td><td>〔杭〕大山
〔網〕夜見島（長浜半島）</td></tr>
<tr><td rowspan="7">治水伝説</td><td>洪水の主</td><td>八岐大蛇（大蛇退治伝説）</td><td>悪鬼（鬼退治伝説）</td></tr>
<tr><td>上記の住処</td><td>（斐伊川水源の山々）
・船通山</td><td>（日野川水源の山々）
鬼の住む四山と一地
①鬼住山（EL328m）
②笹包山（ささつと）
③牛鬼山（大倉山）（EL1112m）
④鬼林山
⑤正覚</td></tr>
<tr><td>洪水の原因</td><td>たたら鉄穴流し</td><td>たたら鉄穴流し</td></tr>
<tr><td>治水の英雄</td><td>素戔男尊（出雲族の治水）出雲国造家</td><td>孝霊天皇（天皇家の治水）</td></tr>
<tr><td>伝説の神社</td><td>①八重垣神社
②伊賀武神社（奥出雲町佐伯町）
③河辺神社（木次町上熊谷）
④温泉神社（木次町湯村）
⑤須我神社（大東町須賀）
⑥足名槌の社
⑦手名槌の社
⑧八口神社（加茂町神原）
⑨三社神社
⑩御代神社
⑪布後神社 etc</td><td>七楽々福神社
①東楽々福神社（東宮）（日南町宮内）
②西楽々福神社（西宮）（日南町宮内）
③楽々福神社（日南町印賀）
④楽々福神社（溝口町宮原）
⑤楽々福神社（西伯町中・篠相）
⑥楽々福神社（米子市安曇）
◎楽々福神社神社関連五社
①日谷神社（日南町笠本）
②菅福神社（日野町上菅）
③山田神社（溝口町杉原）
④高杉神社（大山町宮内）
⑤余子神社（境港市栄町）</td></tr>
<tr><td>伝説の地</td><td>伝説の地名
①天ヶ渕 ②草枕山 ③万歳山 ④伴昇峰 ⑤八雲山 ⑥赤池 ⑦八頭の谷 etc
伝説のいわれの地物
①八本杉 ②箸拾いの碑 ③印瀬の壺神 ④長者の福竹 ⑤桶の谷 etc</td><td>鬼退治伝説いわれの六地
①口日野大社古墳（孝霊天皇墓）
②鬼塚（牛鬼の墓）
③笠置村
④山村 皇女福姫の生誕地
⑤矢戸村
⑥獅子ヶ滝 鬼が落ちた滝</td></tr>
</table>

特筆すべき点	きつね伝説	○大橋川周辺の三狐 ①吉佐茶屋の狐 ②赤江八幡さんの狐 ③門生の清水寺の小狐 ○安来市の四狐 ①作事小屋の狐 ②八坂峠の狐 ③城山の狐 ④源太郎狐（その他）	○日野川の三狐 ①藤内狐（米子の戸上山） ②東尾の姫狐 ③平田（大山町）の橋姫狐（その他）
	河童伝説	○中海河童三代伝説地 ①江渕橋の河童 ②意宇川の河童 ③矢田の河童（その他）	日野川十四河童伝説
	天狗伝説	船通山の天狗 熊野大社のある天狗山	船通山の「天狗の土俵」 大山修験の「カラス天狗」

地状の平野である。

もう一つの米子平野は、日野川や法勝寺川からの溢れる洪水が観音寺や宗像あたりの狭窄部を経て加茂川に流下し、米子市内で氾濫を繰り返した結果作られた平野である。

次にこの地域の特徴として、当地域・因幡から伯耆そして出雲地方は、神話で彩られた地域である点が挙げられる。『古事記』や『日本書紀』の神話の歴史の舞台である。伝説は、歴史であるとは言っていない。神話は日本の歴史の発祥と位置付けられている。西伯・出雲地方の次の４つの神話が、重要な意味を持つ。

一つは、国引き神話である。松江半島がかつて島であったものが陸続きとなり、やがて半島となる大地創生物語である。

一つは、八岐大蛇退治伝説である。荒れ狂う大河・斐伊川の洪水を鎮めた治水伝説である。

一つは、出雲の国譲り神話である。天の国である高天原が、地上の国すなわち日本列島の支配権を大国主命から受け継ぐという神話である。

一つは、大国主命が殺された後、生き返る神話である。

①孝霊天皇鬼退治伝説と八岐大蛇退治の治水伝説

斐伊川の八岐大蛇退治伝説は、スサノオノ命による斐伊川の治水伝説として知られている。斐伊川は我国最大の治水伝説の川である。日野川は船通山「火の山」(大山)を水源とする「ひのかわ」で、孝霊天皇の鬼退治伝説の川である。

孝霊天皇は、悪鬼を平定して民生を安定させた。鬼退治とは鉄穴流しによる洪水被害を悪鬼の所業と見立て、これを鎮めたという治水伝説なのである。孝霊天皇は日野川の洪水（悪鬼）を退治したことにより、神徳として讃えられたものである。孝霊天皇の鬼退治伝説は、実はスサノオノ命の八岐大蛇退治の治水伝説以上の治水伝説そのものなのである。その最大のシンボルが日野川流域で特筆される楽々福（ササフク）神社である。ササフクの「ササ」とは砂鉄のことであり、フクはタタラを「吹く」意味であり、洪水の原因は日野川上流の鉄穴流しということを伝えている壮大な治水伝説の物語である。

②出雲の国引き神話は何を語っているのか

八束水臣津野命（やつかみずおみつぬのみこと）は、出雲の国は狭い若国（未完成の国）であるので、他の国の余った土地を引っ張ってきて広く継ぎ足そうとした。そして、佐比売山（三瓶山）と火神岳（大山）に綱をかけ、以下のように「国来国来（くにこ くにこ）」と国を引き、できた土地が現在の島根半島であるという。国を引いた綱はそれぞれ薗の長浜（稲佐の浜）と弓浜半島になった。そして、国引きを終えた八束水臣津野命が叫び声とともに大地に杖を突き刺すと木が繁茂し「意宇の杜」になったという。

今から約七〇〇〇年前頃、宍道湖から中ノ海にかけての宍道地溝帯では海面下であり、島根半島は陸から孤立した島であった。その後斐伊川や日野川の沖積作用により、地溝帯は埋め尽くされて陸続きとなり現在のような半島になった。

国引き神話では、八束水臣津野命により、以下の四回の国引きが行われる。

・杭：三瓶山、綱：薗の長浜

〇杵築の御崎：新羅の土地から　日御崎から小津（平田市）の地溝帯へ

〇狭田の国：北門の佐伎の国から　小津から多久（佐陀川）の地溝帯へ

〇闇見の国：北門の良波の国から　多久から宇波（手角～稲積の線）の地溝帯へ

・杭：大山、綱：夜見島（弓浜半島）

〇三穂の碕：高志の都都（能登半島珠洲）から　宇波から地蔵崎まで

この国引き神話の語るものとしては、以下の２説が考えられる。

〇土地造成説……斐伊川や日野川の河川の沖積作用による宍道地溝帯が埋められ、島根半島が陸続きに。

〇政治的統一過程説……大庭を拠点とする出雲の首長による国内統一過程の反映。荒神谷遺跡から意宇の首長による出雲国統一の前に原出雲王権が存在することがわかった。

③出雲の国譲り神話

出雲の国譲り神話は、以下のような神話である。

高天原の高皇産霊尊は出雲国に神を遣わし、国譲りを強要した。すると出雲神大国主神（大己貴神、大物主神ともいう）は、息子の事代主神に判断を委ねた。三穂の碕で釣りをしていた事代主神は天つ神の要求を呑んで、そのまま海の底に消えた。

大国主神は、二人の子供を事代主神と建御名方神が天つ神に恭順したことを受けて、次のように述べた。

「子どもと同様、私は背きません。この葦原中国を献上しましょう。ただし、私の住まい（神社）だけは、天つ神の御子と同じように大きな岩の上に宮柱を太く建て千木を高くそびえさせていただきたい。そうすれば私は出雲に隠れ、おとなしくしていましょう。この要求を呑まなければ祟って出ますぞ」

以上のことより、重要なポイントは以下の点である。

〇まず出雲族がヤマトの国を造ったその後、天孫族はその国を譲り受けた。

〇そのときの条件は、天孫族と同様な神社をつくらせてもらわなければ祟るという点。

〇天孫族は出雲族を丁重に祀らなければならないことになった。

〇そのシンボルが三輪山の大物主神と出雲大社である。

④大国主命生き返り神話

赤猪岩神社（旧会見町寺内）は、大国主命が生き返ったという地に立つ神社である。古くは手間山（ＥＬ三二九メートル）山頂にあった。しかし、七一二年に編纂された『古事記』には以下のように記されていることから、七一二年以前の創建と考えられる。明治四年、無格社に列せられる。大正六年久清神社、同九年に山頂に赤猪岩神社を合祀。以下、『古事記』より。

「兄弟の八十神（やそがみ）達と因幡の国の八上比売（やがみひめ）をたずねる途中、怪我をした兎がいました。八十神はその兎を更に苦しめるようなことをしたのですが、大穴牟遅（おおなむじ）神は可哀想に思い、治療法を教えました。喜んだ兎は『八上比売は、八十神の言葉には耳を貸さず、貴方を選びます』と言いました。実際その通りとなり、腹を立てた八十神達は大穴牟遅神（大国主神）殺害の計画をたてました。伯耆の国の手間の山の麓にさしかかった時、八十神達は大穴牟遅神に『この山に赤猪がいる。俺達が追い出すからお前は待ち伏せして捕まえろ。失敗したらお前を殺すぞ』といい、猪に似た大石を火で焼いて転げ落としました。大穴牟遅神は、その石を捕まえた時に火傷を負い、亡くなりました。これを知った母親の刺国若姫命は嘆き悲しみ、天に上り神産巣日之命に嘆願しましたところ、神産巣日之命は蚶貝比売＝赤貝と蛤貝比売＝はまぐりを遣わし、治療させました。蚶貝比売が赤貝を焼き削って作った粉を、蛤貝比売が清水で母乳のようにして塗ると、大穴牟遅神は完治して元気になり、歩き出しました。」

近くの旧西伯清水川には、この焼石によって死んだ大国主命を蘇生させたという清水井がある。また、米子市大袋は大国主命が肩にかけていた大きな袋を置いた所と伝えられている。

⑤斐伊川・日野川で特筆されるその他の伝説

出雲神話は、他の地にない当地域風土の最大のアイデンティティである。神話以外でも当地域には際立った特筆すべき三つのジャンルの伝説がある。

①狐の伝説について……狐と対比されるのが狸である。四国の阿波を中心とする地域は狸伝説が非常に多いが、狐の伝説はあまり聞かない。一方、出雲・西伯地方は反対に狐の伝説が非常に

多く圧倒される。一方、狸伝説はほとんど聞かない。

②河童の伝説について……「風土工学研究№49」で記したように、この地域の河童伝説は、砂鉄採取の民のことである。

③天狗の伝説について……全国に天狗の伝説は夥しくある。それらのうち当地の天狗はカラス天狗であり、天狗伝説の原初の形を色濃く残している。天狗のルーツに繋がる重要な伝説である。

(2) 淀川水系と斐伊川水系

斐伊川水系と琵琶湖・淀川水系のアナロジー

私はかつて建設省奉職中に二年程琵琶湖工事事務所に勤務させていただいた。その後、二十数年後にたまたま斐伊川水系について風土調査させてもらう機会を得た。私はこれまで斐伊川のイメージとしては宍道湖に流入するまでの河川と思い込んでいた。

しかし河川法では琵琶湖も河川区域であり、淀川水系の一部であると同じように宍道湖や中海も河川区域である、斐伊川水系の一部であることが改めて知らされた。

しかし少し違うのは、淀川水系の水系名は最下流の河川名となっているが、斐伊川水系の水系名は最下流の河川名である境水道の名を取らず、宍道湖に流入する最大の川の斐伊川の名をとっている。境水道は淀川区域と言われれば、河川区域のような感じもするが、海域のイメージが強いので境川とならずに境水道となっているのであろうか。

要は、斐伊川水系の最下流の河川名は境水道なのである。斐伊川水系の河口部が境水道であるとすれば、斐伊川水系と淀川・琵琶湖水系は、マクロの視点から見ればその河川風土特性は余りにも良く似ている。風土工学の視点から見れば両水系は全くアナロジーの関係が成り立っていることに気が付いた。余りにもぴったりとアナロジーが成り立つので我ながら驚いている。

まず両水系の水源地域は共に花崗岩のはげ山であった。淀川・琵琶湖水系の水域地域は鈴鹿山脈や湖南アルプス田上山等の花崗岩地帯でかつてははげ山であった。斐伊川水系の水源地域は船通山をはじめとする中国花崗岩地帯で、かつては砂鉄採集のたたら山で、はげ山であった。

その水源地帯から流下する河川は両水系共大変な天井川で流路が定まらず、氾濫の歴史を繰り返した河川であった。淀川・琵琶湖水系の水源地からかけ下る河川は野洲川や草津川、それに信楽川・大戸川で大変な天井川である。

一方、たたらの山から流れ下る斐伊川も大変な量の土砂の流送、堆積過程がつくった大変な天

		琵琶湖・淀川水系	斐伊川水系
水源地帯 花崗岩		田上山等 （はげ山）	たたらの山 （はげ山）
流下する河川 天井川 流路定まらず 氾濫の歴史		野洲川 草津川 （野洲川放水路）	斐伊川 （神戸川） （斐伊川・神戸川放水路）
第一湖水		琵琶湖 （竹生島）	宍道湖 （嫁ヶ島）
流出河川	天然	瀬田川	大橋川
	人工	琵琶湖疏水 （田辺朔郎）	佐陀川 （清原太兵衛）
第二湖水		天ヶ瀬ダム（鳳凰湖） 小椋池 （宇治の塔島）	中海 （大根島）
海への流出河川		淀川	境水道
河港		大阪港	境港
海		大阪湾	日本海
伝説		三上山の大百足	八岐大蛇
		俵藤太	素盞嗚命
文化圏		奈良 東大寺 他 （大和京文化） 天皇家	出雲大社 他 （出雲文化） 出雲国造家

井川である。水源地域の山地崩壊に伴う土砂生産量が半端ではないのである。

野洲川・草津川は日本の天井川のシンボルでＪＲ東海道線や国道一号線が天井川の下をトンネルで抜けていることで有名であったが、破堤の輪廻からの脱却を図るために野洲川放水路や草津川放水路が建設された。

同じように天井川で破堤の輪廻を繰り返す斐伊川の治水のために建設されたのが斐伊川・神戸川放水路である。こちらの方は神戸川の志津見ダムと斐伊川の尾原ダムとの三点セットの組み合わせの放水路である。

天井川の破堤の輪廻を繰り返す野洲川・草津川が流下する先が琵琶湖であり、斐伊川が流下する先が宍道湖である。琵琶湖には竹生島という景勝地の島がある。琵琶湖と同じように宍道湖には嫁が島という景勝の島がある。琵琶湖と宍道湖は第一湖水とも称することができる。琵琶湖からの天然の流出河川は瀬田川、一河川である。

入口の流出河川として田辺朔郎が開削した琵琶湖疏水がある。同じように、宍道湖からの天然の流出河川は大橋川・一河川である。人工の流出河川として清原太兵衛の開削した佐陀川がある。全くのアナロジーである。その唯一の流出河川瀬田川が流れ下った所に小椋池があった。小椋池が干拓されて今はない。それに変わるものというのも少し変であるが天ケ瀬ダムの鳳凰湖が出来た。小椋池と鳳凰湖の中間に位置する所に宇治の塔島がある。

一方、宍道湖からの唯一の流出河川・大橋川が流れ下った所には中海があり、その真ん中にあるのが大根島である。これも考えれば考えるほどアナロジーの関係にある。

天ケ瀬ダムの下流は宇治川・淀川であり、大阪湾に注ぐ、その河口に発達したのが大阪港である。天ケ瀬ダム下流はほとんど水面勾配はない。

一方、中海の下流は、ほとんど水面勾配のない境水道を通じて日本海に注ぐ。その河口に発達したのが日本海随一の境港町である。このように琵琶湖・淀川水系と斐伊川水系は全くのアナロジーの関係が成り立つ。

琵琶湖の水源地域には三上山の大百足の伝説があり、それを退治したのが俵藤太の伝説である。これは俵藤太の治水伝説であると言われている。

一方、斐伊川水系は八岐大蛇を退治した素盞嗚命の伝説で有名である。この八岐大蛇退治は治水伝説そのものであるとして有名である。

要は、琵琶湖淀川の文化圏は奈良・東大寺の他、京都の文化圏であり、天皇家の歴史の地である。一方、斐伊川水系の文化圏は出雲大社他、古代の出雲の文化圏であり、大和王朝へ国譲りをした出雲国造家の歴史の地である。

六、大久保長安と張成沢

⑴ 大久保長安と張成沢

大久保長安は戦国時代の鉱山師で武田信玄に次いで徳川家康に仕え、のちに江戸幕府の勘定奉行、老中となった人物である。大久保長安は信玄に見いだされ武田領内における黒川金山などの鉱山開発につくし、武田家滅亡後、家康に仕え佐渡金山、生野銀山、石見銀山開発で徳川家康に高く評価され『天下の総代官』と称され権勢は強大になった。しかし、死後、瞬時に一転して逆臣にされてしまった。謎だらけの家康の側近ナンバー2である。

これは時の人、北朝鮮の金正恩に次ぐナンバー2の張成沢（チャン・ソンテク）氏である。金正日が死んで三男の金正恩が継ぎ、金正恩のオジが張成沢である。張成沢の親族の大半が処刑。二人の息子と幼い孫、張成沢の二人の兄の子供、孫全員も処刑された。

また、義兄の親族全て処刑されたといわれ、張氏の親族の大半も処刑された。合計三千人以上の張成沢氏に近い人が追放されたと言われている。

大久保長安と張成沢（チャン・ソンテク）はソックリである。

北朝鮮・金正恩のナンバー2張成沢（チャン・ソンテク）の処刑と徳川幕府・徳川家康のナンバー二大久保長安の処刑は全く瓜二つである。

両氏のアナロジーであるところを列挙しよう。

両氏共に「クーデターを画策・国家転覆陰謀行為の罪」である。両氏ともに「不正蓄財の罪、利権着服の罪」・両氏ともに謀反に対する見せしめとして公開処刑された。

ナンバー2である両氏の後見人等も失脚している。大久保長安の場合、大久保忠隣の失脚、長安の七人の子息も処刑された。張成沢の場合、側近二人が十二月二日公開処刑。その後子や孫も処刑された。両氏共に極めて処刑が早い。

大久保長安の場合、一六一三年四月二十五日死去。その約十日後の五月六日腹心五人逮捕。その約十日後の五月十七日、遺族逮捕。七月九日長安の遺体を墓地から掘り起こし七人の男児と腹心とともに処刑された。張成沢の場合、十二月二日に側近が処刑され、十二月八日全役職から解任。十二日軍事裁判・即時執行された。

徳川幕府の富・財政基盤は大久保長安の金山開発が最大の貢献をしたと言われている。大久保長安の処刑と共に全ての関係するものは抹殺され、徳川家康は血もない冷血な人として恐れられたのだろう。

大久保長安のことを研究するということはそれから四百年後に全てのものを抹殺された張成沢氏の功績を調べることと同じようなことではないだろうか。中国の歴史に伝わる焚書坑儒も全く同じだと思える。

⑵ 大久保長安の謎

●治水は文明の礎つくり。縁の下の力持ちの仕事である。土木のことを「普請」といった。「one of them」の世界である。お城の石垣とか濠をつくった土木技師の名は残らない。

建築のことを「作事」といい、中心人物の功績として名前が残る世界。築城の名人の藤堂高虎とか現在では丹下健三さんとか安藤忠男等の建築家は名が残る。

●参謀は名を残さない

「名将」すなわちナンバー1は名を残す。一方「名参謀」と言われるナンバー2は名を残さない。

名参謀で名が残る者は異例である。劉備の諸葛亮、項羽の范増、武田信玄の山本勘助、豊臣秀吉の黒田官兵衛や竹中半兵衛、上杉景勝の直江兼続等は異例中の異例であろう。

●歴史上から抹殺されたナンバー2は謎だらけとなる。

●真実は謎だらけとなる。各所にたまたま残された断片的な書簡等が手掛かりになる。類推・想像する以外にない。パズルの謎解きの世界。真実を追い求める夢とロマンがある。証拠となる書等を尊ぶ歴史学では全く面白くありませんが、小説の世界では格好のテーマとなる。

大久保長安は徳川家康の側近として大活躍をした。しかし死後・一変して家康の大逆賊にされてしまい、長安の子息・親族は勿論・関係の深かった人物全てが処刑されてしまった。大久保長安は歴史上から完膚無きまで、全て抹殺されてしまった。長安の功績はいろいろなことから推測される。それらから実は多くの治水に関わってきている。

大久保長安の治水を研究すると日本の治水の系譜がわかってくる。

第六章　眼に見えないものに怯える

一、いつ起こるか分からないものに怯える

東日本大震災を受け自然科学にコペルニクス的大変換があった。

近年、いつ起こってもおかしくない地震として東海地震があり、何十年前から言い続けられてきた。そもそも地震というものは地震が起こってから○○地震という名がつけられてきたが、地震が起こる前から名前が付けられた唯一の地震であり、それに備えて、法律まで制定された。東海地震は観測網を充実してきめ細かい観測すれば予知できるという事で、地震予知に多額の研究費が注がれてきた。それが東日本大震災を受けて、地震は予知できないので、予知の研究などはすべてやめてしまえとなった。

東日本大震災のM九の大地震は地震学のコペルニクス的大転換で天動説から地動説に変わった。

これまで静穏な地球から一変して、巨大災害の世紀に突入し、これまでなかった大天変地異現象が次々生起しだした。

東日本大震災は地震学の第一人者の何人もが「科学の敗北」と言い出したことでも分かるように、極めて不可解な地震だったが、それから五年たち、また極めて不可解な地震・熊本大地震が生じた。

熊本大地震はこれまでの地球科学では考えられない極めて不思議一杯の巨大地震である。熊本と大分で大地震が連動して起きている。熊本と大分は中央構造線の延長に位置しているが、その

間には、巨大な阿蘇カルデラがある。阿蘇火山は地下深部からのマグマの上昇してきたものである。地球深部に根をつけている。それを挟んで熊本と大分で地表面の断層活動がするなど、どう考えても理解できない。

日本中がいつ起きるか、どこで起きるか分からない地震に怯えている。

二、眼に見えないものに怯える

(1) 眼には見えないものとは何か

原発事故以来、放射能の恐怖に日本中が必要以上にオロオロしている。その最大の要因は、目に見えないから恐ろしいのである。目に見えれば、適切に怯えることができるかもしれない。

では目に見えないものとは何か。目に見えるものとは、光の反射である。光は波動である。目に見える光の波動の範囲を可視光線という。可視光線の範囲は、短い波長は三六〇㎜～四百㎜から長い波長七六〇㎜～八三〇㎜までの範囲である。それより波長が短いところと長いところの見えない範囲は、紫外線、赤外線と呼ばれている。

(2) 可視光線とは何か

可視光線とは電磁波のうち、人間の目で見える波長のもので、〇・三八ミクロメートルから〇・

七七ミクロメートルの範囲のものである。波長が〇・三八ミクロメートルより短いものは紫外線、X線、ガンマー線等である。反対に〇・七八ミクロメーターより長いものが赤外線、マイクロ波、電波となる。可視光線が人間の目に見えるのは、物体の表面で反射する反射光ということである。可視光線の波長より短ければ、透過してしまう透過光となり、波長が長ければ吸収してしまう吸収光となってしまうので、目に見えなくなる。

透過光……波長が〇・一ミクロン以下のエックス線やガンマー線

反射光……可視光線、その近くの紫外線と近赤外線

吸収光……波長が長い遠赤外線

可視光線は通常人間の体に害はないが、強い可視光線が目に入ると網膜の火傷の危険性がある。また、紫外線領域の視覚を持つ動物は、一部の昆虫類や鳥類等多数いる。

太陽光の多くを占める波長域がこの領域だったからこそ、人間の目がこの領域の光を捉えるように進化したと解釈される。

(3) 眼には見えないが存在する敵

目に見えないけれども、五官の眼耳鼻舌身の眼以外のもの四根（耳鼻舌身）で感受できるものもある。赤外線は目には見えないが、皮膚は温かく感じる。紫外線は肌が焼けることで知る。

眼には見えないが存在する敵（実存する恐ろしきもの）として、以下のものがある。

視覚……可視光線の外、①（赤外線、紫外線）。その他に、障壁により隠れている敵

聴覚………かすかな音の異変に感じる。音はすれども、姿は見えず。
嗅覚………臭い敵（眼には見えねど臭いがする）
味覚………食えない敵（違いは眼には見えねど食えばわかる）
触覚………ゾーとする寒気を感じる
意覚………何故か怪しく感じる

五感で感受できないが、第六感（意覚）でなんとなく信用できない人だなあと感じる。信用できそうにないということは、人間の目には見えない。人をいくら凝視しても、相手の心の中は見えてこない。だから、相手の悪巧みも見えてこない。相手の心・意図が見えないと、五感以上に不安になってくる。

(4) 眼には見えない。実在しないものに怯える

何かを連想して怯える。例えば、妖怪、幽霊、亡者、お化けなどである。また、自分の貪りの心から、人の恨みをかっているのではという〝たたり〟に怯える。

なぜか見えないものは、不思議で強力なパワーで人に災いをもたらす。不思議なパワーを持ち、災いをもたらすものは、まるで生きもののようだ。手足もあり、口もある。それを擬人化したものが「もののけ」である。「もののけ」は多くの人にとって恐ろしい、しかしある人にとっては愉快で楽しいものなのかも知れない。

「もののけ」は、不安の世の中で出現する。特にお盆に祖先の人たちがあの世から現世に戻る

とき、湿気の多い生暖かい時期を「もののけ」たちは好みそうである。

(5) 眼には見えているが、裏が見えない

相手の本心が読めなくて怯える。また、不思議な現象を見ているが、その科学的メカニズムが理解できないものに怯える。

〝もののけ〟は人の〝うわさ〟が生み出す。〝うわさ〟は人の不安の量に比例する。

〔科学技術の未発達な時代〕

・人の〝うわさ〟と恐ろしさが〝恐ろしい生きもの〟〝もののけ〟や〝妖怪〟を生む。そして〝たたり〟に怯える。

〔科学技術の発達した現状〕

・未消化な科学知識が不安を煽る。風評をあやつり、不安を食いものとする

・風評と政商が跋扈(ばっこ)している。

人のうわさがすぐに広まる閉ざされた社会・小さな村なら、村人ひとりひとりの顔が浮かぶ。しかし、その人の心は読めない。人の心の底が読めないので、憶測が憶測を生む。

多くの人が行き交う大都市は、隣の人、袖ですり合う人がどんな人なのか一切分からない。疑えば疑うほどそう思えてくる。

かつて京の都は魔都であり、魔物と祟りが行き交う「もののけ」の都であった。現状は日本の都・東京は魔物・腹黒い多くの人がよからぬことを考え、落とし穴の仕掛けをし、人々が災いの

穴に落ち込むことを楽しみに見守っている。人の不幸は我が幸せなのである。そのような魔物が行き交う「もののけ」の都である。目に見えない放射線は恐ろしいと風評を立てる人がいて、風評を煽る人がいて、風評を利用して悪事をたくらむ人がいる。

まさに、現在の「もののけ」が跋扈する都市が東京である。

(6) 一見見えているようで見えていないもの

自分の姿・形・行動は直接見たことがない（鏡に映る姿は左右が逆の虚像である。自分の裏姿はどのように見えるのか）。一刻先の未来の自分が見えていない。未来に対する不安に怯える。日本の行く末が不安である。目に見えない放射線に怯えている。

福島原発事故発生時、日本の文明の行く末の舵を取っていたのが菅元首相だ。菅元首相の心の底が見えない。我々は、菅総理の言葉の端々から憶測してその真意を知ろうとする。憶測すれば、日本丸の菅船長は日本丸を本気で沈没させようとあがいているようにしか思えないから、余計に不安になってくる。

原発事故の当初の数日間は、枝野官房長官が毎回「ただちに深刻な被害が表れるということはないので冷静な行動を！」と連発していた。事故発生の一日後に水素爆発によりメルトダウンが始まっていた。二十四時間の初期対応がすべてを決するものであった。

いずれ深刻な被害をもたらすのだなと、不安が大きくなってくる。また、慌てて買い溜めしなければ物資不足で困るのではないかと、居ても立ってもいられなくなる。人それぞれ事情が異なり、受け取り方と不安の種と度合が異なる。そのようなことより、「人のうわさ」が立つ。「うわさ」が「うわさ」を呼ぶ。そのような不安の種になる「うわさ」を風評という。風評は次々と思いがけない形の災いを生む。

多くの人が関心のあるテーマと、菅・枝野等注目される人がいる場所（官邸等）で、災いの種・風評は生まれる。そしてインターネットの情報社会であるから、ネット情報にのって一瞬にして日本中から世界中に風評が広がる。

福島第一原発以降、目に見えない放射線に日本中が怯えている。というより、マスコミや政府が、恐怖心を煽る報道を出し続けている。原子力安全委員会が三月下旬に第一原発周辺に住む子供約千人を対象とした調査では九九％の子供が年二〇ミリシーベルトに相当する線量を被曝していると、大々的に報道し騒ぎを大きくしている。しかし、チェルノブイリ原発事故や長崎の被爆者の追跡調査では、一〇〇ミリシーベルトの被曝では健康被害や後遺症が報告された例（大人も子供も）は一つもないという。

政府が計画的避難区域に指定したのは、1年間の積算放射線量が二〇ミリシーベルトに達する可能性のある区域である。二〇という数字は国際放射線防護委員会（ＩＣＲＰ）の緊急時被爆状況における放射線防護の基準値、年間二〇～一〇〇ミリシーベルトの一番厳しい線量を採用している。

一方、平均的喫煙者がガンになるリスクを放射線に換算すると、年間32ミリシーベルトの被曝に相当するという（柴田徳思東大名誉教授）。すなわち計画的避難区域に住んでいても、平均的喫煙者よりガンになるリスクは低いという。

三、無限再生エネルギーとは

福島では年間放射線量が二〇ミリシーベルトに達する可能性のある区域から強制的に避難させられている。一年経過した時点でも避難者は2万人超えるという。避難者の心のうちを考えると何とも切ない。

米国保健物理学会の声明では、年間五〇ミリシーベルト以下は安全であるという。放射線の健康影響は、年間一〇〇ミリシーベルト以下では認められない。また、放射線のリスク評価は年間五〇ミリシーベルト以上の被曝に限定すべきであるという。

大阪大学の近藤宗平教授は、「低線量の放射線は有害ではない。いや実際には人間の健康に明らかに有益であることが多い」と述べている。

眼に見えない現象は人を不安にさせる。眼に見えるかたちにすることにより、その存在を確信できる。

平賀源内は、エレキテルの存在を実験して電気を見せた。エジソンが電気の力により光をつくって見せた。眼に見えない電気の存在が恐ろしいものであるとして、それから逃避してきたならば、現在の電気文明は享受できなかった。

キュリー夫人は、眼に見えない放射線を発見した。その放射線を活用したレントゲン撮影により、結核が早期発見できるようになった。また、ガンの治療法として放射線治療が生命文明として人類の繁栄に大きな役割・貢献を果たしてきた。

これらは、眼に見えない放射能の危険性を完全に封じ込める知恵とノウハウを獲得した結果である。放射線を恐ろしく危険なものとして避けてきたならば実現しなかった。

無限再生循環エネルギーの源泉は、太陽エネルギーである。太陽エネルギーの根源は何か、それは原子核分裂と核融合の時に発する熱源である。

その太陽熱エネルギーを人類が身近で利用できやすいように変換する技術が、原子力発電である。原子力発電は、無限再生循環エネルギーを人類の知恵で獲得したものである。原子力発電は夢のエネルギーである。

人類の知恵は、原子力発電をもつ危険性を極限まで小さくすることに成功した。しかし、想定外の巨大地震の発生により、もう一歩のところで事故を起こしてしまった。

日本の原子力安全技術は世界一と評価されている。室蘭製鉄所は、世界の原子炉の八割を製鋼している。他の製鉄所では製作できないという。

東芝・日立・三菱等の原子力技術は世界をリードしている。英国・米国・カナダ等の日本に続く原子力技術の国々と緊密な友好関係を持っている。

今回の事故の教訓を活かして、真に世界で最も安全な原発をつくって見せることができるのは日本しかないのであり、日本は人類文明のために世界一安全な原発をつくって見せると宣言すべきである。

第七章　科学とは何か

一、科学とは

(1) 学者間の地震予知をめぐる論争

一九一一年に三・一一地震が発生した当初、気象庁はマグニチュード（M）七・九で三つの異なる地震がほぼ同時に発生したと発表していた。それからしばらくすると、Mは八・四に、さらに八・八へと引き上げられた。ついにはアメリカの地震学者の指導もあって、五百キロにわたって連動した多くの別個の地震を一つにまとめてM九・〇の巨大地震一つだということになった。日本で起こった地震が、なぜアメリカの地震学者の指導を受けなければMの値一つ決められないのか。日本の地震学は世界一ではなかったのか。

そもそもMが1上がるということはエネルギーにして三十倍以上ということである。30以上の別の場所で発生した地震を一つにまとめたことになる。科学の手法は、細分して分析することにより大きな成果を上げてきた。多くの地震を一つにすると、何も分からなくなる。科学の方法論とは逆ではないか。

そのような時、静岡で地震学会があり、地震など絶対に予知できないのだから地震予知の研究など全てやめてしまえ、ましてや東海地震の法律等は即刻廃止してしまえという意見があったと大きく報じられた。また、多くの地震学者が口をそろえて「科学の敗北」だと言っていた。地震学とはどうなっているのだろうかとどんどん不信が膨らんできた。「学士院会報№.8652007-Ⅳ」

に東大名誉教授・上田誠也博士の「地震予知研究の歴史と現状」と題する講演概要が掲載されていた。それを読み地震学の現状を垣間見ることができた。

一九六二年に東大地震学の重鎮三人（坪井忠二、和達清夫、萩原尊礼）が地震被害から国民を守るには地震予知が大切な研究であるとしてブループリントという報告書をまとめた。今後の地震学の研究テーマには▽測地的方法による地殻変動の調査▽地殻変動検出のための験潮場の整備▽地殻変動の連続観測▽地震活動の調査▽爆破地震による地震波速度の観測▽活断層の調査▽地磁気・地電流の調査の七つが挙げられている。要は地震予知につながることは、なんでも徹底的に研究しようというものであった。

既にギリシャは国家としてVAN法・地電流測定による地震予知に成功している。上田博士らは試験的に日本に導入したところ地震予知の確かな成果が得られた。それらを踏まえて、地磁気・地電流の調査に関する研究で日本全国に地震予知網を構築すべく進んでいた。

しかし、外部評価委員会により、国家政策として「地震は予知できないもの」だから地震予知の研究は二〇〇二年以降すべて取りやめになったという。それも技術的判断ではなく政治的判断だという。上田博士らが全国に構築中の地震予知の観測網はすべて取り壊しの目にあってしまった。

一方、電磁波などの地震予兆の研究は次々に多くの成果が報告されている。電気通信大の早川正士博士や北大の森谷武男教授らは、既に地震予知の成功率七〇％くらいまでの実績を上げるまでになったという。観測網を拡張すれば一〇〇％近くまで地震予知は可能になるという。

これらの研究者はもう少し予算を獲得できていれば、東日本大震災の地震予知はできたと無念の涙を流している。一方で東大のロバート・ゲラー教授らは、地震の科学では地震予知は不可能だとし、地震予知研究は一切、即刻にやめてしまえと、三・一一以降さらに声を大にして唱えている。

現在の地震学は地学的手法で大地の変動を研究することであり、さまざまな電磁波などの予兆現象をつかまえて地震を予知しようとする科学者たちの研究を専門外の素人の研究だとして、一切頭から認めない極めて狭い〝村社会〟を形成しているようである。

巨大地震があるごとに国家政策として地震学の研究に莫大な予算を投資してきている。上田博士、ロバート・ゲラー教授らの論争は多くの国民の生死に直結する極めて重要なものであると思うが、学者間の論争だと見守る以外にないのであろうか。

(2) 科学の敗北とは

私たちは科学万能の時代に生きている。ニュートン、デカルトの科学の手法は宇宙の神秘を解き明かし、地球の営みや生誕の謎、生命の不思議、遺伝子の謎などを次々と解き明かしていった。人類は科学の手法を利用して、文明社会を謳歌している。余りにも絶大なる科学の成果に対して今や疑いを入れる者は皆無に等しいのではないか。

特に、理学や工学の自然科学の分野では基礎から応用の各種分野では科学の手法は疑ってはならない絶大・至高のものと信じられている。科学者とは科学教という宗教の狂信者という感じさえする。

科学者とは狭い専門分野のタコつぼの中の整合性のある理論を考える専門家ということができる。科学万能の現在、科学者は世の中で高い評価を受け、尊敬されている。世の中の部門ごとのリーダーとして活躍されている。

科学の部門の中でも際立って大きな成果をあげてきた分野の一つとして地球物理学・プレートテクトニクスが挙げられる。地球全体で十五の巨大プレートがあるがそのうち四つの巨大プレートの交叉するところに位置しているのが日本列島である。その関係で日本は世界有数の地震大国である。一九六九年以来、国策として地震予知計画が強力に進められてきた。

日本の地震科学は次々地震のメカニズムを科学の手法で解明し、地震の規模や発生確率等まで計算できるところまで来た。特に巨大地震の発生確率の高い東海地震を予知できる事を前提として世界最初の地震立法である大規模地震対策特別処置法が一九七八年に制定された。

その計画に基づき、海底の微妙な歪を計測し、地震の予兆を捉えるために、多くの精密計器を設置し計測を始められ、少しでも異常が発見されると地震予知連絡会議が中央で設置され警報や避難の発令を出すという、肌理の細かい体制が組まれた。私ども地震学の門外漢にとっては地震科学の目覚ましい成果に対し、拍手喝采で、日本の地震学、日本の予知技術は世界一のレベルだと信じこんできた。そのような中で、東日本大震災が生じた。

日本の地震学をリードしてきた先生方の多くが、東日本大震災を「科学の敗北」という表現で捉えておられる。

科学の手法では地震予知はできないという。科学は何に敗けたのか。科学に対する概念としては宗教である。科学は宗教に敗けたということなのか。宗教的超能力で、霊感で予知する以外にないということなのか。

東日本大地震は自然現象として超巨大地震で、時間スケール、空間スケール共に、これまで想定していた範囲よりも大きかったというだけではないのか。しかし東日本大震災という自然現象はこれまでになかった多くの研究テーマを私どもに与えてくれた。

これまで分からなかったメカニズムの解明をするには、科学の手法以外に理にかなった方法論はありそうにない。地震とか火山とかの地球の営みは科学の手法が一番得意とする分野ではないのか。

世界一の地震大国・日本の地震学者は、東日本大震災という想定外の巨大地震に対し科学の手法を駆使して地震発生メカニズムを解明しなければならない使命が課せられている。「科学の敗北」などと言っている場合ではない。

(3) 日本の技術の評価　科学とは何か

私達は科学というものは絶対に正しいと教えられてきた。ところで東日本大震災までは日本の地震学は世界一進んでいると信じていた。その日本の地震学のリーダー達が「科学の敗北」だと言い出した。東海地震は地震予知できると国会で審議され法律まで制定されている。それが一転して地震は複雑系なので地震予知は出来ないと言い出した。複雑系の自然現象は実に沢山ある。

これまで科学者のあくなき探求心の積み上げでつぎつぎ解明してきている。遺伝子ＩＰＳ細胞の他、神様の領域とされてきた未知の分野も克服されてきた。全て科学技術の素晴らしい成果なのだ。私どもはますます科学に対する信頼はゆるぎないものとなってきた。今や科学を信ずる宗教の域に達している。その科学教の伝道師が科学の敗北などと言い出している。

科学とは一体何者なのであろう。科学とは『広辞苑』には「世界の現象の一部を対象領域とする経験的に論証できる系統的な合理的な認識」とある。又、『大漢語林』には「一定領域の対象を客観的な方法で系統だてて研究・論証する学問、またその成果の内容」とある。

私共は自然科学のはしくれを学んできた。自然科学の分野では系統だてて論証するための方法として実験・実証・再現性が最重要視され、数字、数式で表現することが求められてきた。自然科学系の論文ではこれが不可欠とされてきた。しかし、一方、社会科学分野があるではないか。社会科学の分野では数字・数式などで表現することが不可欠とされていない。科学とは何なのか。

科学とはどのような手法なのか？

科学とは漢字である「科」とは「禾（のぎへん）」と「斗」の会意文字である。「禾（のぎへん）」は穀物の事であり、「斗」は量器のことである。従って、「科」とは収穫した穀物を品定め（分類）する、そして、その量と質ごとにどんどん細かく分けて細分化して同類項を集めて、小さい量器（タ

コつぼのようなもの）に入れ量を計測しラペルを張り付けることである。

そのタコつぼの中での整合性が取れる理論を考え、それをどんどん精密にしていく方法である。

「学」とは。「学」は「學」の省字であり､正字は「斆」である。學は正字斆の省字で「斆は『教ふるなり』。学は『教を受くるなり、覚るなり』。『これ斆ふることは学ぶことの半ばなり』教えることは自己の学習に外ならぬ。」とある。

一方、英語ではSCIENCEという原義を調べてみるとscience… 原義 separate one thing from another cut , split　とある。

更に英語では自然科学をHard Scienceと称する。一方で社会科学をSoft Scienceと分けて考えた。カーライルは経済学をthe Dismail Science 陰気な学問と称している。

又、詩のことをthe Gay Science 軟らかい学問と称している。神学や哲学と言った硬い学問に対して使い分けている。要するに科学とは真実を極める方法なのである。

自然現象も社会事象も全ての連続体なのである。連続体を理解把握する手法としてある評価軸、でもって①同類と異類を仕分けしていく方法なのである。どこが同じで、どこが違うか切れ目を入れることである。②同類を一つの壺に入れ、それにふさわしい命名をし、ラベルを付ける。それをどんどん細分化していくという方法なのである。自然現象に対しては大きさの順に並べ替えて大のグループ、中のグループ、小のグループ等と分けていくという方法論なのである。

一方、真実を極める方法論としては瞑想がある。目を閉じて静かに思考を深めていくことである。例えば物を細かく分けていけば分子に分けられ更に分ければ原子となり、更に分ければ素粒子とどんどん細分化が進む。その細分化されたものは波動的性質と粒子的性質といった、相反する性質が合わせもっている。どのようなものなのか更に疑問が湧く。その瞑想を深めていけば仏教で言っている聖人と悪人とは裏表の関係と同じではないかということに、ハタと気が付く、ヒラメキである。覚醒である。

ノーベル賞の湯川秀樹が最先端物理学の世界は仏教の世界と同じだったと言っている。他の多くの最先端物理学者も同じことを言っている。

空海の瞑想の世界は真理探究の科学の世界と同じだということのようである。要するに科学とは〝タコ壺〟の学問なのである。

○科学…壺学

①同類と違類の仕分け。どこが同じでどこが違うか

②同類を一つの壺に入れ、それにふさわしい名前、ラベルを付ける

○瞑想…目を閉じて静かに考える。ひらめく。覚醒。

波動的性質と粒子的性質を合わせもつもの何だろう…最先端物理学・湯川秀樹

○仏教…空海

真実を極める方法論

○科学…壺学

①同類と異類の仕分け。どこが同じでどこが違うか

②同類を一つの壺に入れ、それにふさわしい名前、ラベルを付ける

○瞑想…目を閉じて静かに考える。ひらめく。覚醒。
波動的性質と粒子的性質を合わせ持つもの何だろう
…最先端物理学・湯川秀樹

○仏教…空海

〝タコ壷〟の学問、科学の手法には弱点があり、又弊害もある。

科学の手法のもっとも典型的なものがリンネ等に始まる生物分類学の世界である。何百、何千万種あるか分からない未知の世界生物をどこが同じで、どこが違うかをどんどん進めていけば全生物の分類系統樹が出来てくる。これが科学の方法なのである。

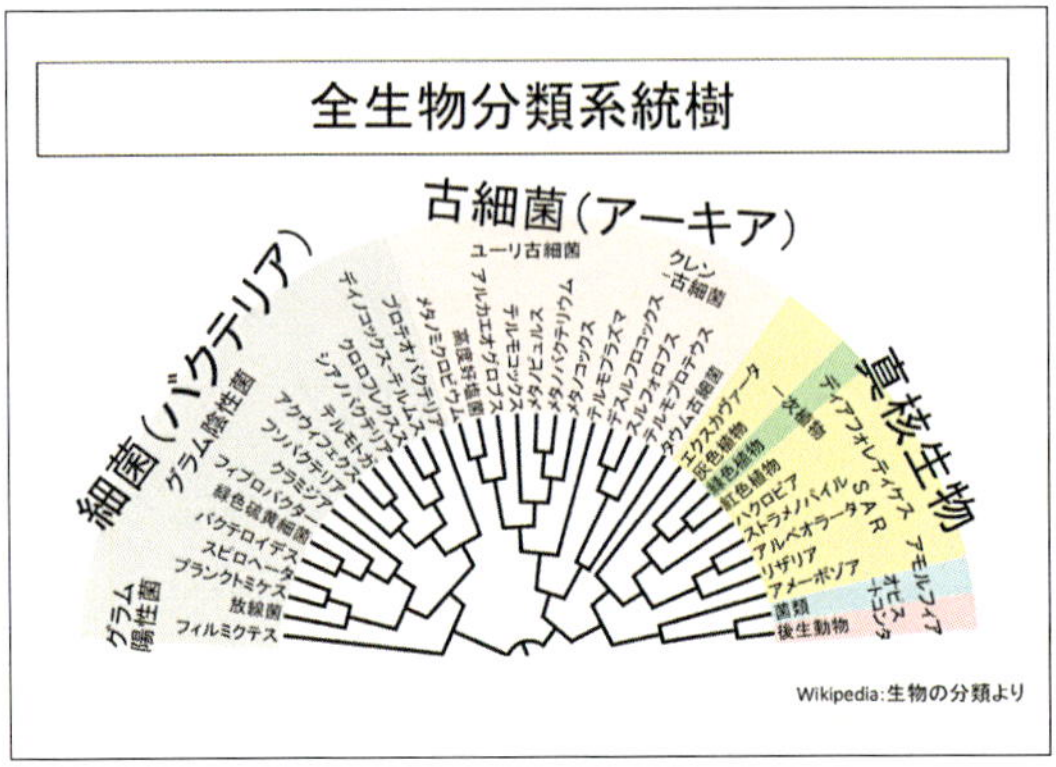

生物分類学

和名	英名	ラテン語	例ヒト
ドメイン	domain	Region	真核生物
界	kingdom	regum	動物界
門	division	divisio	脊椎動物門
綱	class	classis	哺乳類
目	order	ordo	サル目
科	family	familia	ヒト科
属	genus	genus	ヒト属
種	species	species	H.Spiens

(4) 技術とは

技とは手を巧みに使ってものつくる術（すべ）である。英語の technology もテクニックを駆使する意味があり、同じ語源です。

術とは〝すべ〟です。術のつく用語を思いつくまま述べてみよう。錬金術、妖術、占星術、処世術、魔術、秘術、催眠術、腹話術、心霊術、呪述、詭術、奇術、幻術、降神術、観掌術、忍びの術、美顔術、九星術等々、どれもどうも、人を誤魔化すような意図・怪しいものが見え隠れしている。

技術を追求することを目的とすれば、どうしても心を入れることが疎かになりがちとなる。技術ではなく技道とすべきである。技道を追求すれば自ずから心を疎かにすることはなくなる。

(5) 名数化・学問のはじまり　学問の始めは分類から　――博物学と風土学――

もともと〇〇学というような用語はなかった。

お釈迦様の教えということ△△教というものはあった。又、「論語」とか「四書五経」書物の名前を冠した学問が生まれた。又、朱子学とか陽明学という人の名前を冠した学問が生まれた。

一方で、化学とか物理学とかの学問はニュートン・デカルトの〝たこ壷〟の科学の方法論から生まれた。

科学とは「科」の学問である。「科」とは秋に収穫した穀物を分けて入れる蛸壷状の器である。

「科学」とは同類項を集めてきて、一つの蛸壷に入れて、その蛸壷の中だけで整合する理屈を考える方法論の学問である。その一つの蛸壷の外の社会や別の蛸壷のことを一切気にしないことで成立つ学問なのである。この蛸壷学である科学は大変な威力を発揮して巨大な近代科学文明構築に貢献した。蛸壷の科学の方法論が不得意とする、別の蛸壷との関係とか蛸壷にうまく入りきらなかった事象について等はとり残されてきてしまった。それが環境問題や現在一番人類が希求しているホリスティック・サイエンスなのである。学問だけでなく、錯綜する現在の諸課題の解決に向けて、行き詰まった時にはどうするのか。原点に立ちかえって考え直すことが重要なのである。

科学という学問の直前の学問は何か。それは博物学。

博物学とは Natural History 自然史とも称せられている。

自然に存在する全てのもの、動物・植物・鉱物・岩石などを収集して同定し分類記述する学問である。すなわち、大自然の諸事象に対する知識の体系化を目指す学問なのである。

古代ギリシャではアリストテレスの『動物誌』、古代ローマ時代ではプリニウスの『博物誌』、東洋では「本草学」と呼ばれ、明時代に李時珍が著した『本草綱目』はその集大成ともいえる書物である。日本においては、林羅山による『本草綱目』抄出以降、貝原益軒の『大和草子』、寺島良安の『和漢三才図会』などがある。その後、牧野富太郎の植物学の研究や、南方熊楠の菌類の研究などがある。

博物学においては自然事物の【収集】と【分類】が科学としての博物学を支える両輪であった。

私がここで博物学を論じたい訳ではなく、体系化を目指したいのは「風土学」なのである。風土工学は風土学とその分析（工学）よりなる。風土学はNatural Historyの自然博物学を包括し、その地に展開したHuman History人文史を包含する壮大なる体系ということなのである。風土学においても風土に存在する風土の宝を（風土資産と称している）を発掘【収集】し、それを【分類】評価することが両輪となる。

博物学と風土学は全くアナロジーな学問と言える。

(6) 風土工学の手法

○全ての学問は分類から始まる。違う所や同じ所を見つけて同類のものを集めてそれらにふさわしい名前をつけることから始まる。

○同類のものがいくつあるか、それらに共通することでふさわしい名前は何かを考えることである。

○名付けて、その名にふさわしいものはいくつあるか数える。同じようなものを数えて名付けることでもある。このことを「名数化」と称している。

○風土工学ではその地の地物風物（六大風土に満ちあふれている）それらを風土の宝（風土資産と称している）の中で同じようなものを収集することである。名数化のプロセスである。

○その次のプロセスは名数化されたものの中に何か隠れている法則性はないか考えることである。

○科学の手法には二つある。ひとつは、全てを数字で表現してデジタルの中の法則性を見つけて展開していく手法である。もうひとつは、同じようなものの中数字では表現出来ていないかアナログの中の法則性を見つけて展開していく手法である。風土工学は風土という、一見捉えどころがないものの中にアナログの法則性を見つけて、その地の誇りとなるものをつくっていく工学なのである。

おわりに

素晴らしい美しい日本の風土形成に向けて

――安心・安全国土形成に向けて――

今年は東日本大震災・福島原発事故からの五周年の年である。私にとっては東日本大震災の年に環境防災学という新たな学問を構築したので環境防災学・五周年の記念の年でもある。それとともに風土工学が誕生して二〇年の記念の年でもある。風土工学誕生以降その普及啓発に努めてきたが、環境防災学構築後は、この二学の普及啓発の重要性を説いてきた。この二学の普及啓発の視座から全国各地でその地の「風土に刻された災害の宿命」をテーマとする講演をしてきている。

東日本大震災時に、巨大災害の世紀に突入した予感した。その後、これまでなかったメカニズムの巨大災害が次々生まれてきた。スーパー台風、爆弾低気圧、バックビルディングの豪雨、線状降雨帯、御嶽山の噴火、大規模土石流、深層崩壊等などである。常識外の驚くべきこの度の熊本地震はこれまでの予感通り、本当に巨大災害の世紀に突入してしまったのだろうか。

東日本大震災のあと三つの距離の離れた場所で時間差をおいて起こった全く別の地震を纏めて、一つのM・九の巨大地震にされてしまった。三陸沖と富士宮そして信越国境と、この地震が何故同時多発的に連鎖的に起きるのか、科学の方法は分けてそのメカニズムを考えることである。全く別のものを一つにすれば、何も分からなくなってしまう。逆ではないのか？　更にそれまで、次に来る東海地震に備えて、地震観測網を構築し、地震予知の研究がコツコツ進められてきたが、東日本大震災以降、地震は予知できないので予知の研究をやめてしまえとなった。地震学のみでなくいろいろな災害のメカニズムの解明のための研究まで止まってしまったような感がする。地球科学分野の気象や地震現象である災害のメカニズムの解明には科学の手法が最も有効であるにもかかわらず、科学の敗北だと言い出した。これまで確実にやってくる東海地震の予知のために観測網を構築し、予知できるとして、法律まで作ってきた、今回の熊本地震意外では、その後の地震で予測不可能と、さじを投げてしまった。は一変して地震予知の研究はやめてしまえとなった。災害に備える、科学のコペルニクス的大転換である。

何故これまでになかった現象が次々起こるのか？　なぜいろいろ多様な同時多発現象が次々起こるのか？　何故アースダムがよくてコンクリートダムがダメなのか？　何故熊本地震と大分地震が連鎖するのか？　中間に地球内部のマグマに根差した阿蘇山という巨大カルデラがある。熊本と大分の地震が連動した。それをまたぐ断層があるというのであろうか、不思議である。

自然科学の分野の思考停止のみでなく、府県を超えて災害対応をしなくてはならない時代に突入したというのに、国の河川や道路の出先機関を廃止し府県に任せろという時代錯誤のとんでもない関西連合と大阪維新とかの論が何故マスコミを賑わせるのであろうか。

思考停止的底の浅い単純な議論が何故か持てはやされている。何とも嘆かわしい時代になってしまった事か。巨大災害の世紀に突入とともに、単純で何も考えない、まるで思考を停止した時代に突入した。

永年、マスコミが○か×かの単純な大衆迎合社会を奨励してきた結果なのだろうか。世の中を良き方向へ導いて行かねばならない使命を持っている専門家や政治家たちもマスコミ迎合に成り下がり、表面のみしか考えない、その裏を見ようとはしない時代に突入した。

一昔前に、『日本沈没』とか『マスコミ亡国論』とか『一億総白痴化』などという本がベストセラーになった時代があった。これらの識者が指摘したように着実にその方向に進行してきている。それが、巨大災害の世紀に突入してからアクセルを踏んで急激に加速されてきた感がする。

このような世の風潮の時代に突入した現在において、私が普及啓発に努めてきている、誇り高い・美しい日本の風土形成を目指す「風土工学」と真に安心・安全国土形成を目指す「環境防災学」の二学の視座がますます重要になってきていると確信している。

この数年、世の中に変な用語がもてはやされる都度、何か変だと書きとどめてきたものを、風土工学二十周年の機に一冊にまとめさせていただいた。ご笑覧いただければ幸いである。

平成二十八年　五月　　竹林征三

〈初出一覧〉

◆「信じられない元首相の言動」『風土工学研究』　第七十二号、二〇一五、十一

◆「勢多川・宇治川左右対称物語」『風土工学研究』　第六十六号、二〇一四、七

◆「ギロチン階段・欧米コンプレックス」『風土工学研究』第六十六号、二〇一四、七

◆「フラフープトツイギーそして久米の仙人」『風土工学研究』第六十六号、二〇一四、七
◆「変な造語がもてはやされる変な時代」『風土工学研究』第六十五号、二〇一四、五
◆「大和と河内はソックリだ」『風土工学研究』第六十三号、二〇一三、九
◆「八俣大蛇伝説・大和川説」『風土工学研究』第六十三号、二〇一三、九
◆「巨椋池からの唯一の出口〝一口〟地名、『風土工学研究』第六十三号、二〇一三、九
◆「ダムの名前が消える」『風土工学研究』第六十二号、二〇一三、八
◆「関東連合と関西連合」『風土工学研究』第六十二号、二〇一三、八
◆「一票の格差を考える」『風土工学研究』第六十一号、二〇一三、五
◆「学問の始めは分類から、博物学と風土工学」
◆『風土工学研究』第六十二号、二〇一三、五
◆「国民投票と直接首相選挙」『風土工学研究』第六十号、二〇一三、四
◆「拉致と強制連行と強制避難」『風土工学研究』第六十二号、二〇一三、四
◆「いじめ問題を考える」『風土工学研究』第五十九号、二〇一二、十二
◆「マニュフェストは詐欺罪に何故ならない」『風土工学研究』第五十九号二〇一二、十二
◆「特別公務員は何故選挙違反にならない」『風土工学研究』第五十九号、二〇一二、十二
◆「地震学を考える」『風土工学研究』第五十八号、二〇一二、九
◆「想定とは何か・恐ろしい鬼を思い浮かべること」『風土工学研究』第五十六・五十七号、二〇一二、七

◆「天然ダムについて」『風土工学研究』第五十四号、二〇一一、十二
◆「目に見えないものに怯える」『風土工学研究』第五十三号、二〇一一、九
◆「無駄とは何か・〝むだ〟と〝あだ〟」『風土工学研究』第五十二号、二〇一一、七
◆「斐伊川と日野川」『風土工学研究』第五十一号、二〇一一、二
◆「木詰地名考」『風土工学研究』第五十号、二〇一〇、一一
◆「安来節の泥鰌掬い」『風土工学研究』第四十九号、二〇一〇、九
◆「日野川の河童は砂鉄採取の民」『風土工学研究』第四十九号、二〇一〇、九
◆「鹿児島は〝火の島〟桜島」『風土工学研究』第四十八号、二〇一〇、七
◆「斐伊川水系と淀川水系」『風土工学研究』第四十八号、二〇一〇、七
◆「一国の総理が世界中から馬鹿にされだした」『風土工学研究』第四十七号、二〇一〇、五
◆「藤原千方伝説の甌穴での雨乞い」『風土工学研究』第四十一号、二〇〇八、九
◆「〝ゆたか〟とは」『風土工学研究』第四十号、二〇〇八、七
◆「〝わざわい〟とは」『風土工学研究』第三十八号、二〇〇八、一
◆「良い改革と悪い改革」『風土工学研究』第三十八号、二〇〇八、一
◆「誇り高い談合地名が語る歴史ロマン」『風土工学研究』第三十七号、二〇〇七、九
◆「談合と競争を考える」『風土工学研究』第三十五号、二〇〇七、四

【著者紹介】

竹林　征三（たけばやし・せいぞう）

1943 年　兵庫県生まれ。工学博士・技術士
1969 年　京都大学大学院工学研究科・修士課程修了。建設省入省
琵琶湖工事事務所長、甲府工事事務所長、土木研究所（ダム部長・環境部長、地質官）等を経て
1997 年　建設省退官。・（財）土木研究センター・風土工学研究所長
2000 年　富士常葉大学・環境防災学部教授・附属風土工学研究所長
2010 年　富士常葉大学・名誉教授（称号授与）
2011 年　風土工学デザイン研究所理事長・環境防災研究所長（現在に至る）
2012 年～ 2013 年　山口大学時間学研究所・客員教授

【主な著書】
『風土工学序説』技報堂出版
『風土工学の視座』技報堂出版
『ダムのはなし』技報堂出版
『環境防災学』技報堂出版
『ダムは本当に不要なのか』近代科学社
『ダムと堤防』鹿島出版会
『東洋の知恵の環境学』ビジネス社
『県の輪郭は風土を語る』技報堂出版・・・・その他多数
【主な受賞】
1993 年建設大臣研究功績表彰
1998 年科学技術庁長官賞
1998 年前田工学賞・優秀博士論文賞
2013 年国土交通大臣功労者表彰
2013 年富士学会・功労者表彰
2014 年瑞宝小授章
2015 年日本水大賞（JAPAN　WATER　PRAIZE）特別賞受賞…その他多数
【新しい工学体系として『風土工学』と『環境防災学』を構築し、その普及啓発に努めている】

風潮に見る風土

定価1,600円+税

2016年7月15日　1版1刷発行　ISBN 978-4-907-161-66-8

著　者　竹林征三

特定非営利活動法人　風土工学デザイン研究所

〒101-0054　千代田区神田錦町1-23 宗保第2ビル7階

TEL：03-5283-5711　FAX：03-3296-9231

E-mail : design@npo-fuudo.or.jp

発行人　細矢定雄

発行所　有限会社ツーワンライフ

〒028-3621　岩手県紫波郡矢巾町広宮沢10-513-19

TEL：019-681-8121　FAX：019-681-8120